左小霞 王晶 闫旭 张晔○主编

给中学生的黄金营养餐

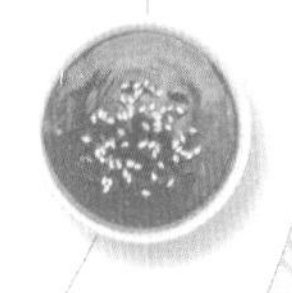

四川科学技术出版社
·成都·

图书在版编目（CIP数据）

给中学生的黄金营养餐 / 左小霞等主编. -- 成都：四川科学技术出版社, 2023.10
（健康科普中国行营养与健康系列）
ISBN 978-7-5727-1160-2

Ⅰ.①给… Ⅱ.①左… Ⅲ.①中小学生－保健－食谱 Ⅳ.①TS972.162

中国国家版本馆CIP数据核字(2023)第191526号

健康科普中国行营养与健康系列

给中学生的黄金营养餐

JIANKANG KEPU ZHONGGUOXING YINGYANG YU JIANKANG XILIE
GEI ZHONGXUESHENG DE HUANGJIN YINGYANGCAN

主编　左小霞　王晶　闫旭　张晔

出 品 人　程佳月
策划编辑　张　扬
责任编辑　刘　娟
助理编辑　王星懿
责任校对　罗　丽
封面设计　象上设计
装帧设计　四川省经典记忆文化传播有限公司
责任出版　欧晓春
出版发行　四川科学技术出版社
成都市锦江区三色路 238 号　邮政编码：610023
官方微博：http://e.weibo.com/sckjcbs
官方微信公众号：sckjcbs
传真：028-86361756
成品尺寸　170mm × 240mm
印　　张　13
字　　数　260 千
印　　刷　唐山富达印务有限公司
版　　次　2023 年 10 月第 1 版
印　　次　2023 年 10 月第 1 次印刷
定　　价　58.00 元

ISBN 978-7-5727-1160-2

邮　购：成都市锦江区三色路 238 号新华之星 A 座 25 层　邮政编码：610023
电　话：028-86361770

《给中学生的黄金营养餐》

编委会

前言

少年强则中国强！青少年是祖国的未来。

2021年2月25日，中国营养学会组织编写的《中国居民膳食指南科学研究报告（2021）》（以下简称《报告》）正式发布。《报告》指出，高油高盐饮食在我国仍普遍存在，青少年含糖饮料消费量逐年上升，6~17岁儿童、青少年超重和肥胖率高达19%。蔬菜、水果、奶类平均摄入量没有达到推荐量，膳食不平衡的问题突出，是慢性病发病的主要危险因素之一，各种慢性病发病呈现年轻化趋势。我国青少年的营养健康状况不容乐观。

身体健康与心理健康是中学生健康的基石，拥有这两点，他们才能学习更加努力，才能有一个美好的未来。中学生正处于生长发育高峰期，上午又是中学生一天中学习最繁重的时段，一方面学习紧张，另一方面需要参加适当的体育活动，体能消耗大；但目前中学生的早餐多是上学路上购买的粥、油条、包子、汉堡、肉夹馍、煎饼、鸡蛋灌饼等，早餐的营养现状不容乐观。许多家长都认为“孩子早餐没好好吃，午餐在外面凑合，晚餐应该好好补一补”。于是，多数家庭晚餐比较丰盛，能量和油、盐、糖含量超标。这样的晚餐往往会造成孩子脂肪堆积，导致肥胖；如果吃得过饱又没时间运动，不仅造成胃肠不适，还可能影响孩子的睡眠。

因此，家长在关心孩子学业的同时，也应该好好关心一下孩子的早晚餐问题。从吃好每一天的早餐开始吧！搭配合理、营养丰富的早餐不仅可以让孩子学习精力充沛，还能促进孩子的身体健康发育；晚餐也要讲究均衡营养、荤素搭配、色泽悦目，不仅要满足孩子身体发育需要，为其补充足够的精力，为第二天高效的学习做足准备，还不能把孩子吃成小胖子。所以家长为孩子做好早晚餐，可以为孩子一生的健康打下良好的基础，并为孩子美好的未来做好铺垫。

为此，本书为我们介绍了中学生的生理特点、膳食指南、需要的重要营养素、早晚餐的科学搭配、常见病症的饮食调养、一些常见的饮食误区，以及营养问题答疑。希望能为我国中学生的健康带来切实的帮助，为其美好的未来打下良好的基础！

目 录 | contents

第五章 营养科学的精致晚餐

第六章 中学生常见疾病、特殊时期和不良行为

第七章 科学合理的中学生早晚餐

第一章

中学生（12～18岁）的生理特点及膳食指南

第一节 中学生营养现状

青春期是重要的生命阶段，孩子们在这个阶段会发生生物学、社会学和认知功能方面的变化。由于快速生长和青春期发育，青少年有着特殊的营养需求。营养调查结果表明，一方面，很多青少年的营养素摄入量都达不到相应年龄组的推荐量，尤其是钙、铁、维生素B_1、维生素B_2、维生素A和维生素C的摄入量不足；另一方面，越来越多的青少年存在营养过剩和肥胖的问题。

第二节 中学生生长发育的一般规律及生理特点

青春期一般指10～20岁，基本相当于初中和高中阶段。

青春期生长规律不同于儿童期，每个人青春期开始的年龄和青春期进展的速度不同。青春期的激素变化可造成形体、体成分（肌肉、脂肪）、骨骼框架和性成熟的特征性变化，这种变化是青春期的孩子对能量、蛋白质和大多数微量营养素的膳食需要量增加的原因。男生青春期的生长发育突增期（即第二次生长发育突增期）比女生晚约2年；营养不良和许多慢性疾病可推迟青春期的开始时间。所有这些因素都可能影响个体进入青春期的时间，从而影响其对营养素的需要，使不同个体对营养素的需求不同。但不论如何，充足的、适量的营养素摄入是确保中学生正常生长发育和成熟所必需的，认识到这一点极为重要。

中学生的生理特点

1.第二次生长发育突增期

通常女生的第二次生长发育突增期开始于10～12岁，男生略晚，开始于12～15岁。中学生体重一般每年增加2～5千克，个别可每年增加8～10千克，青春期所增加的总体重占其成人时体重的一半；身高一般每年可增高2～8厘米，个别可每年增高10～12厘米，青春期所增加的总身高可占其成人时身高的15%～20%。

2.体成分发生变化

在青春期以前，不管是男生和女生，脂肪和肌肉占体重的比例通常分别为15%和19%；进入青春期以后，女生脂肪占体重的比例增加到22%，男生仍为15%，而此时男生增加的瘦体重（即去脂体重）约为女生的2倍。

3.性发育成熟

在青春期，中学生性腺发育逐渐成熟，促进性激素分泌，性激素促使生殖器官发育，出现第二性征。

4.心理发育成熟

中学生的抽象思维能力加强，思维变得活跃，记忆力增强，心理发育逐渐成熟，追求独立的愿望强烈。这种心理改变可导致饮食行为改变，如盲目节食等。

青春期的一些孩子会出现很强的食物信念，如追崇某种饮食时尚或者为了减肥选择极端的进食方式，此时就更需要父母正确地引导，培养孩子正确的饮食习惯，为孩子打下良好的健康基础。

需要特别注意的营养素

由于快速生长、性成熟、体成分的改变、骨骼的矿化和活动量的变化，中学生的营养需求高于儿童，对各种营养素的需求量达到最大值，而后随着身体发育的不断成熟需求量逐渐下降。中学生的活动量并非一定增加，但是由于体格的增加，总能量需求是增加的。与儿童时期不同的是，青春期的男孩和女孩对个别营养素的需求有差别，这些与性别有关的差异一直持续到成年期。

1.蛋白质

中学生蛋白质的摄入量占总能量的12%～14%。

功能解析	①参与构成人体组织 ②能够增强免疫力 ③有助于孩子身体新组织的生长和受损细胞的修复 ④促进新陈代谢 ⑤为身体补充能量
缺乏表现	①生长发育迟缓，体重减轻，身材矮小 ②容易疲劳，抵抗力降低 ③贫血 ④病后康复缓慢 ⑤智力下降
食物来源	牛奶、畜肉、禽肉、蛋、水产、豆类、坚果类等

蛋白质广泛存在于动植物性食物中。动物性蛋白质质量好、利用率高，但动物性食物同时富含饱和脂肪酸，摄入过多会对身体产生不利影响；而植物性蛋白质利用率较低。因此将两种蛋白质合理搭配是非常重要的。

2.脂肪

中学生脂肪的摄入量占总能量的20%～30%。

功能解析	①为孩子身体提供能量，参与构成身体，供应身体发育所需的脂肪酸，维持正常体温，在身体受到外力冲击时保护内脏 ②促进人体对维生素A、维生素D、维生素E、维生素K等脂溶性维生素的吸收 ③食物的脂肪能改善食物的感官性状，让孩子食欲增加，同时增加饱腹感 ④充足的脂肪可以避免体内的蛋白质被用来作为能源物质而过度消耗，使蛋白质能有效地发挥其他生理功能
缺乏表现	①免疫力低，容易感冒 ②记忆力差 ③视力较差 ④经常感到口渴，出汗较多 ⑤皮肤干燥，头发干枯，头皮屑多，甚至患上湿疹 ⑥极度缺乏时体重不增加，身体消瘦，生长相对缓慢
食物来源	动物脂肪、禽蛋、奶油、乳酪、芝麻、花生、葵花子、玉米、食用油等

但应注意，脂肪摄入过多可能导致肥胖症、心血管疾病、高血压甚至癌症，因此合理摄入脂肪十分重要。

3.糖类

中学生糖类的摄入量占总能量的50%～65%。

功能解析	①是人体最主要也是最经济的能量来源 ②构成人体组织结构 ③调节血糖 ④促进神经、肌肉、四肢以及内脏等的发育与活动 ⑤帮助更好地排便
缺乏表现	①精神不振，头晕，全身无力，疲乏 ②血糖水平降低 ③脑功能障碍 ④体温下降，畏寒怕冷 ⑤生长发育迟缓，体重减轻 ⑥便秘
食物来源	谷类、豆类、薯类、坚果、蔬菜、水果等

糖类的来源应含有多种不同种类的谷物，特别是全谷物，以保障人体能量充足和营养素的需要。要限制高能量含糖食物的摄入，如添加糖（各种食品中作为添加剂的冰糖、红糖、白糖、方糖等）含量较高的食物，添加糖的摄入量每天应不超过50克，最好限制在25克以下。

4.维生素A

功能解析

①增强免疫力
②维持神经系统的正常生理功能
③维持正常视力，降低夜盲症的发病率
④抗氧化
⑤修补受损组织，使皮肤表面光滑柔软，有助于血液的形成
⑥促进蛋白质的消化和分解

缺乏表现

①食欲降低，生长迟缓
②皮肤粗糙、干燥，浑身起小疙瘩，好似“鸡皮”
③牙齿松动和骨骼软化
④头发干枯、稀疏且没有光泽
⑤眼睛干涩，夜间视力减退
⑥指甲变脆、形状改变

食物来源 动物肝脏、海产品、鱼肝油、蛋类、牛奶等

补充维生素A要注意不要过量，用量过大不仅没有益处，反而容易在体内蓄积，引起中毒。

5.B族维生素

功能解析

①提高智力
②维持正常的食欲
③有助于预防因晕车、晕船或晕飞机而发生呕吐
④帮助消化
⑤维持神经系统、肌肉和心脏的正常功能

缺乏表现

①容易疲劳，烦躁易怒，情绪不稳定
②胃口不好，消化不良
③口腔黏膜溃疡，嘴角破裂且疼痛，舌头发红、疼痛
④精神不振
⑤毛发稀黄、容易脱落

食物来源 糙米、小米、绿叶蔬菜、豆类、牛奶、瘦肉、动物肝脏、鱼肉、蛋黄、坚果、香蕉等

6.维生素C

功能解析	①增强免疫力 ②防止牙龈出血 ③促进骨胶原的生物合成，利于伤口更快愈合 ④能预防坏血病，降低慢性疾病的发病率，并能减轻感冒症状 ⑤降低过敏物质对身体的影响 ⑥帮助更好地吸收铁、钙及叶酸
缺乏表现	①容易感冒 ②发育迟缓 ③骨骼畸形，易骨折 ④身体虚弱，面色苍白，呼吸急促 ⑤体重减轻，食欲缺乏，消化不良 ⑥有出血倾向，如牙龈肿胀出血、鼻出血、皮下出血等，伤口不易愈合
食物来源	新鲜蔬菜、水果等

一些新鲜蔬菜、水果中维生素C含量丰富，如苋菜、苜蓿、刺梨、沙棘、猕猴桃和酸枣等，特别是酸枣、刺梨，其含有生物类黄酮，对维生素C的稳定性具有保护作用。

7.钙

功能解析	①维持神经、肌肉的正常兴奋性 ②维持正常的血压 ③构成牙齿、骨骼的主要成分，能预防骨质疏松症和骨折 ④可调节心脏节律，控制炎症和水肿 ⑤能调节人体的激素水平
缺乏表现	①神经紧张，脾气暴躁，烦躁不安 ②肌肉疼痛，骨质疏松症 ③多汗，尤其是入睡后头部出汗 ④轻微缺乏时会表现为关节痛、心跳过缓、龋齿、发育不良、手脚肌肉痉挛等，严重缺乏时可引起佝偻病
食物来源	奶及奶制品、水产类、豆类、蛋类、坚果类等

植物性食物中含草酸、植酸及膳食纤维比较多，会影响钙的吸收。不同食物钙的含量差异较大，钙源应当按其钙含量和钙吸收率来综合评价钙的生物利用率。例如奶及奶制品不仅钙含量高，钙吸收率也高，因此钙的生物利用率高；而菠菜虽然钙含量高，但钙吸收率低，从而导致钙的生物利用率低。

常见食物钙含量及钙吸收率比较见表1-1。

表1-1　常见食物钙含量及钙吸收率比较

食物/每100克可食部分	钙含量/毫克	钙吸收率/百分比
牛奶	104.0	32.1
奶酪	799.0	32.1
酸奶	118.0	32.1
红豆	74.0	24.4
甘蓝	66.0	49.3
小白菜	90.0	53.8
菠菜	66.0	5.1

8.铁

功能解析	①维持正常的造血功能，维持体内各种酶的活性 ②参与体内氧的运输和组织呼吸过程 ③促进生长发育，提高免疫力 ④预防缺铁性贫血，防止疲劳
缺乏表现	①疲乏无力，面色苍白 ②好动，易怒，兴奋，烦躁 ③易患缺铁性贫血 ④皮肤干燥、角化，指甲易碎 ⑤毛发无光泽、易脱落、易折断 ⑥身体发育受阻，体力下降，注意力与记忆力调节障碍，学习能力降低
食物来源	动物内脏、猪瘦肉、鸡肉、蛋黄、虾、海带、紫菜、蛤蜊肉、芝麻、木耳、黄豆及菠菜等

9.锌

功能解析	①促进正常的生长发育、智力发育、性发育 ②维持正常的味觉功能及食欲 ③促进伤口的愈合 ④提高免疫力
缺乏表现	①生长发育缓慢，身材矮小，性发育迟缓 ②免疫力降低，伤口愈合缓慢 ③反应慢、易疲倦，警觉性降低 ④食欲差，有异食癖 ⑤指甲上有白斑，指甲、头发无光泽、易断 ⑥反复出现口腔溃疡
食物来源	牛肉、猪肉、猪肝、禽肉、鱼、虾、海带、牡蛎、蛏子、扇贝、香菇、口蘑、银耳、黄花菜、花生、核桃、栗子、豆类等

膳食纤维、植酸可减少锌的吸收，因此植物性食物中锌的生物利用率较低。

第三节　膳食指南及推荐

中学生的合理膳食原则

《中国居民膳食指南（2022）》中关于学龄儿童的膳食指南也适用于青少年期。总的来说，中学生的合理膳食原则包括以下几点。

1.多吃谷类，供给充足的能量

中学生的能量需求量大，可因活动量大小而有所不同，膳食宜选用加工较为粗糙、保留大部分B族维生素的谷类，适当选择杂粮及豆类。

2.保证足量的优质蛋白和新鲜蔬菜、水果的摄入

优质蛋白应占总摄入量的50%以上，鱼、禽肉、蛋每日供给量为200 ~ 250克，奶不少于300毫升。每日新鲜蔬菜和水果的总供给量约为500克，其中绿色蔬菜类不少于300克。

3.平衡膳食，鼓励参加体力活动，避免盲目节食

中学生肥胖率逐年增加，对于那些超重或肥胖的中学生，应引导他们合理控制饮食，少吃高能量的食物（如肥肉、糖果和油炸食品等），同时增加体力活动，使能量摄入少于能量消耗，逐步减轻体重。

合理选择零食

市面上的零食花样繁多，家长们常因为看了太多“垃圾食品”的报道而反对孩子吃零食。其实，吃零食也是有很多学问的，中学生处于长身体的特殊时期，同时学习压力较大，对各种营养素的需要量比成年人相对要多。除三餐之外，适量、合理地吃一些健康零食不仅可以为孩子身体发育提供一定的能量和营养素，还能缓解孩子的学习压力，让孩子学习时注意力更加集中。至于吃什么零食，就需要父母来帮孩子把好零食选择的关卡了。

《中国儿童青少年零食指南（2018）》（13 ~ 17岁）

（1）吃好三餐，避免零食替代。

（2）学习营养知识，合理选择零食，优选水果、奶类、坚果。

（3）少吃高盐、高糖、高脂肪及烟熏油炸零食。

（4）不喝或少喝含糖饮料，不饮酒。

（5）零食新鲜、营养卫生。

（6）保持口腔清洁，睡前不吃零食。

孩子进入中学之后，心理变化大，如果父母强行禁止孩子吃零食，反倒会激起孩子的逆反心理而自己偷偷买来吃。父母需要合理引导孩子选择健康零食，不吃或者少吃不那么健康的零食。

健康零食

1.新鲜水果

新鲜水果富含人体所需的维生素、矿物质、膳食纤维，其中还常含有各种有机酸、芳香物质和色素等成分，不仅具有良好的感官性状，对增进食欲、促进消化都有重要意义。只要不一次吃得太多，新鲜水果肯定是健康零食。水果除了在想吃的时候现洗、现切以外，也可以提前半天把水果切好，密封放进冰箱冷藏，防止细菌繁殖，这样孩子想吃的时候方便又卫生，比很多的加工食品都要健康。

2.牛奶、酸奶

买牛奶、酸奶时别被含乳饮料和添加糖坑了。牛奶和酸奶因含有丰富的钙、优质的蛋白质以及诸多维生素、矿物质，是健康零食里的好选择。我国居民膳食指南中也提到，儿童应该从小养成喝牛奶的习惯。对于有乳糖不耐受的孩子来说，可以选舒化奶、零乳糖的奶和酸奶。但是要注意，不要被含乳饮料给迷惑了，错把含乳饮料当作奶。有些含乳饮料的产品标识不明显，家长选购时如果看到营养成分表中蛋白质含量为1%甚至还不到1%的，或者配料表中奶的排名特别靠后的，可能它就只是一种含乳饮料，不用考虑它。

怎么选酸奶?

商家为了调节酸奶的口味，往往会加比较多的糖，对于孩子来说，过多添加糖的摄入会增加龋齿和肥胖的风险。建议大家购买时关注营养成分表，了解糖含量，尽量买无糖酸奶。也可以自制酸奶，自己控制糖的添加量。将酸奶和水果搭配食用也是不错的选择。再就是看配料表是不是够简单，按照国家标准，只要生牛乳加上常用的乳酸菌，就可以做出酸奶了；而添加更多的其他成分，只是为了让酸奶更甜、更稠，对于提升营养价值却并没有帮助。所以买酸奶的时候，买配料表够简单的，且配料表成分排第一位是生牛乳的。

3.坚果

坚果营养丰富，含蛋白质、油脂、矿物质、维生素较多，对促进人体生长发育及预防疾病有很好的作用。所以不添加油、盐、糖的原味坚果也是很不错的健康零食。我们最常吃的坚果像花生、葵花子等非常好吃，但是很容易吃起来就停不下来，长期这样很容易导致油脂摄入过多，能量堆积，变成小胖子。因此，坚果可以吃，但是要注意不要吃多了。

炒制的坚果可能会有盐添加较多的问题，而且富含不饱和脂肪酸的坚果也比较容易发生氧化酸败，也就是我们通常所说的有“哈喇味”了。所以在给孩子选购坚果时，要注意购买新鲜、加工简单的坚果，闻一闻有没有不好的气味。每天吃10克左右的坚果，大概有一小把就够了。

坚果除了可以直接吃，还可以打成粉，作为一种香香的调味品，和面粉一起蒸成馒头、烤成面包；搭配蔬菜做成坚果蔬菜沙拉；还可以和谷物一起打五谷豆浆和坚果米糊。

不那么健康的零食

1.果冻

目前市场上销售的果冻的主要成分之一是一种不易被人体吸收的物质——卡拉胶，并且果冻中基本不含果汁，甜味来自添加糖，香味来自香精。

2.棒棒糖

棒棒糖中的水果味多来自香精等添加剂，除了糖类，棒棒糖中基本不含其他营养素，吃多了容易导致龋齿和肥胖。

3.果脯、蜜饯

这些食品在加工过程中，水果中的维生素基本被破坏，除了含大量糖类之外，几乎没有其他营养素，而食用过量的果脯、蜜饯会导致糖摄入过多，会影响人体对其他微量元素的吸收。

4.薯片

薯片的营养价值很低，加工过程中还加入了大量脂肪和盐，吃多了容易影响对正餐的食欲，也容易导致肥胖。

5.饼干

饼干属于高脂肪、高能量食品，维生素和矿物质含量比较少，吃多了不利于饮食平衡，也容易导致肥胖。

第二章

幸福早晚餐

第一节　吃对早晚餐，帮孩子养成健康的饮食习惯

新鲜、合理的早餐能让孩子的身体和大脑迅速地活跃起来，为整个上午的学习和活动提供足够的能量；清淡、可口的晚餐能对孩子全天的消耗给予补给，同时晚餐时间也是一家人团聚的幸福时光。良好的饮食习惯，对孩子的一生都有积极的影响，会助力孩子身心健康发展，让孩子精力充沛、信心十足。

让孩子喜欢吃天然食物

天然食物是大自然赋予我们的最宝贵的资源，富含蛋白质、脂类、糖类、维生素、矿物质等丰富的营养素，且颜色丰富多彩，不含任何添加剂。孩子如果爱上吃天然食物，不仅有利于身体的快速发育，且能为孩子一生的健康打下良好的基础。这就需要家长对孩子多加引导，让孩子爱上天然食物，为孩子的健康增色。

现在的生活节奏快，孩子的学习压力大，很多孩子都在外面解决一日三餐，这就避免不了孩子吃些超加工食品，如膨化食品、煎炸食物等。这些食物有高油、高盐等特点，能量虽然高但是缺乏营养，常吃不利于孩子的健康发育。

让孩子养成良好的进食习惯

1.养成正确的进食顺序

中学生的进食顺序最好依次为：汤、蔬菜、肉、主食，1小时后再吃水果。因为人在感到饥饿时，胃受到的刺激比较大，如果立即进食蔬菜、肉、主食或水果等会加大刺激，容易发生胃病或消化不良。如果吃饭前先喝点易消化吸收的汤，可使整个消化系统活动起来，并使消化腺分泌足量消化液，为进餐做好

准备。这样就会减轻对空胃的刺激，起到保护胃的作用。但还是要注意，不要喝汤喝太饱了，汤喝多了是会影响进食其他食物的，要合理搭配才行。

2.定时进餐

因为每个人胃的排空是有规律的，所以为了中学生的健康发育，应合理安排中学生每天进餐的次数、时间及每餐的量。定时进餐能使胃有规律地蠕动和休息，增加食物的消化吸收率，让胃保持良好的状态，减少胃部疾病的发生。

3.细嚼慢咽

进餐时细嚼慢咽能使唾液大量分泌，唾液可中和胃酸，保护胃肠，促进食物的消化吸收。细嚼慢咽还能够给大脑神经中枢接收饱腹感信号提供充足的时间，避免食物摄入过量。

4.不宜过饱

吃得过饱，往往容易出现思绪混乱、昏昏欲睡的情况，不利于中学生更好地学习。这是因为吃得过饱，大量食物堆积在胃里，血液就会向胃部集中，以促进其蠕动，大脑的血液供应就相对减少，人就会犯困。如果接下来的学习任务比较重要，还是要注意不要吃得太饱了。

注重亲子交流时光

一方面，青春期的孩子身体迅速发育，新陈代谢旺盛，爱动不爱静，容易感情用事，易冲动，自我意识的发展和强烈的自尊心促使他们不愿服输，总想展示自己；另一方面，青春期孩子的心智发展还不是很成熟，对于挫折的承受能力也不如成年人，如果得不到正确的引导，往往会在一些问题上钻牛角尖。引导孩子平稳度过青春期对父母来说是一个最重要的课题，每天和孩子的餐桌时光无疑承担起了这个沟通的桥梁，希望家长们珍惜这个只属于自己和孩子的幸福时刻，让孩子不再孤单，不再迷茫，每天都被暖暖的爱包围着。

第二节　让孩子吃好饭，保持充足活力

孩子迈入中学的门槛，就成为一个大孩子了。初中三年、高中三年，这六年是一个孩子体格和智力发育的关键时期，也是一个孩子行为和生活方式形成的重要时期，是奠定一生基石的美好时光，孩子每天都在发生如蚕蛹蜕变成蝴蝶的惊奇变化。

在这段时间内，孩子生长速度加快，对各种营养素的需求增加。充足的营养摄入能保证体格和智力的正常发育，为孩子一生的健康奠定良好的基础。

一日三餐定时、定量

孩子应建立适应其生理需要的饮食行为习惯，如一日三餐定时吃，两餐间隔一般为4～6小时；三餐比例要适宜，早餐提供的能量应占全天能量的25%～30%，午餐应占30%～40%，晚餐应占30%～40%。正餐不应以糕点、甜食等取代主、副食。

除三餐外，可在总能量固定的前提下，补充2～3次加餐。适当加餐既能给孩子补充消耗的能量，又能使孩子在接下来的学习中注意力更加集中，思维反应更敏捷。合理加餐能使孩子学习效率更高，更容易取得好成绩，而且身体素质也更好。

不要盲目节食

进入中学的孩子，心理会发生变化，容易因为身体发育的差异、形体的不同而产生焦虑、不快和抑郁等消极情绪。一些中学生为了追求完美体形，有意进行节食，甚至过度地节制饮食，特别是青春期少女较多。青春期的少女处在生长发育的关键时期，长期节食，营养需求得不到满足，很容易导致营养不良、骨瘦如柴、厌食、月经紊乱等。因此，父母有责任教育孩子不应盲目节食减肥。

衡量孩子发育情况的标准

12～18岁青少年身高、体重对照表见表2-1、表2-2。

表2–1　12～18岁女孩身高、体重对照表

年龄/岁	身高/厘米				体重/千克			
	矮小	偏矮	标准	超高	偏瘦	标准	超重	肥胖
12	139.50	145.90	152.40	158.80	34.04	40.77	49.54	61.22
13	144.20	150.30	156.30	162.30	37.90	44.79	53.55	64.99
14	147.20	152.90	158.60	164.30	41.18	47.83	56.61	66.77
15	148.80	154.30	159.80	165.30	43.42	49.82	57.72	67.61
16	149.20	154.70	160.10	165.50	44.56	50.81	58.45	67.93
17	149.50	154.90	160.30	165.70	45.01	51.20	58.73	68.04
18	148.80	155.20	160.60	165.90	45.26	51.41	58.88	68.10

表2–2　12～18岁男孩身高、体重对照表

年龄/岁	身高/厘米				体重/千克			
	矮小	偏矮	标准	超高	偏瘦	标准	超重	肥胖
12	137.20	144.60	151.90	159.40	34.67	42.49	52.31	64.68
13	144.00	151.80	159.50	167.30	39.22	48.08	59.04	72.60
14	151.50	158.70	165.90	173.10	44.08	53.37	64.84	79.07
15	156.70	163.30	169.80	176.30	48.00	57.08	68.35	82.45
16	159.10	165.40	171.60	177.80	50.62	59.35	70.20	83.85
17	160.10	166.30	172.30	178.40	52.20	60.68	71.20	84.45
18	160.50	166.60	172.70	178.70	53.08	61.40	71.73	84.72

注：上下浮动两个百分位。

贫血高发，补充富含铁和维生素C的食物

中学生处于生长发育期，生长迅速、血容量增加，对铁的需求明显增加，而体内铁相对不足，容易发生缺铁性贫血。女生月经来潮后的生理性失血，也是贫血发生的重要原因。

中学生为了预防贫血，应该这样吃：

（1）在膳食中应多吃含铁丰富的食物，如动物血、肝、瘦肉、黑木耳、深色蔬菜等。

（2）增加铁强化食品的摄入，如铁强化酱油、铁强化面包等，来改善缺铁状况。

（3）维生素C能显著提高膳食中铁的消化吸收率，应多吃富含维生素C的新鲜蔬菜、水果，这能在一定程度上改善孩子的营养状况。常见食物中维生素C含量见表2–3。

表2–3　常见食物中维生素C含量

推荐食物/每100克可食部	含量/毫克
猕猴桃	62
菜花	61
苦瓜	56
橙子	33
苋菜	30
木瓜	43
菠菜	32
芒果	23
白萝卜	21
番茄	19

第三节　早餐吃得好，爸妈没烦恼

一日三餐中没有比早餐更重要的了

早餐是一天中能量和营养素的重要来源，对孩子身体的营养和健康状况有着重要的影响。每天食用营养充足的早餐可以为中学生提供体格和智力发育所需的能量和各种营养素。

不吃早餐危机重重

早餐对孩子的一天起着重要的作用。经过一个漫长的夜晚，前一天摄入的能量已经被消耗得所剩无几，如果第二天早上还不吃早餐，那么孩子就会因缺乏能量而身体和大脑功能受到影响。

不吃早餐或早餐的营养不充足，不仅会影响孩子的学习成绩和体能，还会影响其消化系统的功能，不利于健康。因此，中学生应该每天吃早餐，并保证早餐的营养充足。

早餐几点吃

早餐在起床后的20～30分钟吃最佳，此时孩子的食欲最为旺盛，营养较易被消化、吸收。但是需要注意的是，早餐并不是吃得越早越好，因为晚餐过后，胃肠一直在消化、吸收晚餐摄入的食物，到凌晨才渐渐进入休息状态。一旦吃早餐太早，就会干扰胃肠休息，使消化系统长期处于疲劳的状态。另外，早餐与午餐之间间隔4～6小时为宜，如果早餐吃得较早，那么就将午餐相应提前。

早餐主打营养素：糖类、蛋白质、维生素、矿物质

早餐是开启一天活力的第一股力量，一定要吃好，而糖类、蛋白质、维生素和矿物质则是这股力量的主力军。

1.糖类

糖类主要由主食提供，主食在体内能很快分解成葡萄糖，防止早晨可能发生的低血糖，并可提高大脑的活力及身体对早餐中营养素的利用率。

含糖类丰富的早餐：米饭、粥（大米粥、小米粥、糙米粥等）、馒头、包子、饼（小麦饼、荞麦饼等）等。

2.蛋白质

蛋白质堪称生命的载体，孩子每天都需要补充足够的蛋白质以满足身体的正常需要；而且蛋白质类食物可以在胃里停留较长时间，使孩子整个上午都精力充沛。

含蛋白质丰富的早餐：豆浆、牛奶、鸡蛋、豆干、豆腐脑、肉等。

3.维生素

维生素在孩子身体生长、代谢、发育过程中发挥着重要作用，但在人体内不能合成或合成很少，且不能大量储存于人体组织中，所以孩子必须通过摄入

含维生素的食物来补充。此外，当蛋白质、脂肪、糖类等的代谢量增加时，维生素的需求量还会相应增大。所以，早餐一定不能缺少维生素。

含维生素丰富的早餐：新鲜的水果、蔬菜等。

4.矿物质

矿物质仅占人体的4%，但不可或缺，且各种矿物质必须保持平衡才能维持人体正常的生理功能。如今过度加工常使一些食物的矿物质大量流失，孩子吃多了这些食物容易矿物质缺乏。

含矿物质丰富的早餐：蔬菜、水果、谷物、豆类和动物肝脏等。

第四节　科学吃晚餐

时间不能太晚

进食晚餐的最佳时间是18点左右，最晚也不要超过20点。如果晚餐吃得太晚，比如到21点才进食，那么在正常睡眠时间，胃肠道还在工作，而此时因为生理活动减缓，食物消化也不充分，这样就既影响睡眠又影响消化。因此，应尽早进晚餐。

能量要低，油要少

晚上是脂肪容易堆积的时间，因为晚餐后活动量较小，一般来说饭后3～5小时人就会进入睡眠状态。如果晚餐能量高、油脂过多，消耗不掉就会以脂肪的形式储存在体内，时间长了易造成肥胖、高血压、高血脂、糖尿病等，危害孩子身体健康。晚餐要少油腻，以清淡为主，主食要适量减少，适当吃些粗粮，同时少吃一些脂肪含量高的肉类，甜点、油炸食物尽量不要吃。

八分饱为宜

晚餐吃得过饱，会加重胃肠负担，导致睡觉时多梦。多梦会使孩子在第二天感到疲劳，不仅影响学习，时间长了还会引起神经衰弱等。

尽量偏素

晚餐要偏素，以富含维生素、膳食纤维的食物为主，如蔬菜、粗粮等。如果孩子长期晚餐时吃大量的肉、蛋等食品，会使尿中钙浓度增加。一方面这降低了体内的钙储存，增加孩子佝偻病、牙齿发育不良的发生风险；另一方面尿中钙浓度长期偏高，孩子患尿道结石的可能性就会大大提高。另外，进食晚餐时蛋白质摄入过多，人体吸收不了，就会滞留于肠道中，产生氨、吲哚、硫化氢等物质，可能刺激肠壁，增加患癌风险。

其他推荐营养素

1.B族维生素

富含维生素B_2、维生素B_6、维生素B_{12}的食物，大多是适合孩子在傍晚进食的。

维生素B_6可以帮助合成5-羟色胺，而5-羟色胺和维生素B_1、维生素B_2一起作用时有助于人入睡，特别是需要经常熬夜的话就更要适当多吃富含B族维生素的食物了。当然，中学生是不建议熬夜的。维生素B_{12}有维持神经系统健康、消除烦躁不安的作用。

含B族维生素丰富的食物有：全麦制品、花生、蔬菜等。

2.钙和镁

人体缺钙不仅容易患骨质疏松症，对晚上的睡眠也不好。镁则是天然的放松剂和镇静剂，可缓解疲劳。中学生处于长个子的关键时期，对钙的需求量大，每天固定喝2杯牛奶（约500毫升），一般就不需要额外补钙了，特别是睡觉前喝牛奶还有利于睡眠。晚餐多吃些小鱼类、绿色蔬菜及豆腐都是很好的选择。

第五节　餐桌上家长常干的几件错事

让孩子吃烫食

“菜来了，趁热吃！”这是很多父母出于对孩子的关心常说的一句话。虽然食物趁热吃味道鲜美，但孩子长时间食用刚起锅的过热食物易诱发消化道疾病。人体的食管非常娇嫩，一般最高能耐受60摄氏度的食物，如果食物超过这个温度，就会导致食管黏膜被烫伤，甚至增加食管癌的发生风险。因此温度合适的食物才更适合孩子。

生着气吃饭

如果父母在吃饭时因为各种原因在生气，这种情绪很容易传递给孩子，这就可能会降低孩子的胃肠功能，造成消化不良。研究发现，心情紧张会使人体肾上腺素水平升高，可能导致胃肠功能障碍，引起恶心、呕吐、腹胀、腹泻等。因此，父母应该让孩子在愉快的氛围中进食早晚餐。

饭菜冷热交替食用

天气炎热时，父母会为孩子准备凉爽的菜肴和饮料，然后再让孩子吃些热乎的饭菜，孩子很是享受，但是这样的吃法很容易导致孩子胃肠不适。饭菜冷热交替会刺激胃部，导致消化不良，造成胃痉挛或胃痛，时间长了可能诱发胃炎或肠炎。专家建议，孩子吃饭的时候不要冷热交替进食。

一边看电视，一边吃饭

一些父母喜欢吃饭的时候打开电视机看看新闻，让孩子拓宽一下视野。殊不知，这么微小的事情却对孩子的健康存在着巨大的威胁。专家建议，在孩子吃饭时最好关掉电视机等干扰物，使孩子保持注意力集中。这样孩子不至于吃得过量，有利于控制体重，远离慢性病的发生。

孩子偏食挑食，不加干预

中学时期的孩子容易追崇某种饮食时尚，对于自己喜欢的食物吃得很多，而对不喜欢的食物基本不吃。出现这种情况的时候，父母考虑到孩子的学习任务繁重，往往不加干预，然而这可能影响到孩子的生长发育。因此，平时父母除了应引导孩子树立正确的饮食观念外，在给孩子做其爱吃的饭菜的同时还应搭配一些其不爱吃或吃得很少的健康食物，这样才能满足孩子的营养需求。

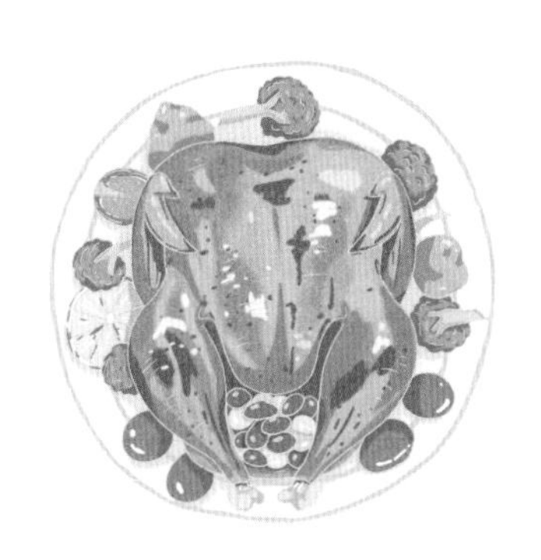

吃饭时批评孩子

有些父母喜欢在吃饭的时候批评孩子，这会影响孩子的情绪，从而妨碍食物的消化吸收。要知道，孩子在精神压力大的时候，自主神经功能会受到抑制，消化道血液供应会减少，胃肠蠕动就会减慢，消化、吸收功能就会降低。所以，建议父母不要在吃饭的时候批评孩子。

经常让孩子一个人吃饭

很多父母由于忙于工作，经常让孩子一个人吃饭，这样很容易让孩子产生不良情绪，影响消化、吸收；且孩子一个人吃饭，饮食一般相对单调，容易造成营养不均衡。吃饭是补充营养、缓解学习压力的好机会，父母最好和孩子一起进食早晚餐，既能让孩子心情舒畅，有利于食物消化、吸收，还能保持饮食的营养均衡，有利于孩子生长发育。

不纠正孩子吃饭姿势

有些父母吃饭时习惯含胸驼背、跷二郎腿，因为这种姿势最放松；然而这种姿势孩子很爱效仿，长此以往会给孩子造成巨大的伤害。吃饭时保持含胸驼背、跷二郎腿的姿势会使孩子食管和胃部受压，进而影响食物的消化、吸收。此外，还有一些孩子喜欢坐在沙发上吃饭，父母也不纠正，这样做会让孩子腹部受挤压，不利于食物消化，时间长了，可能会诱发胃部疾病。

放任孩子不吃主食

大部分青春期的孩子都爱美，想保持窈窕的身材，有的孩子为了减肥或控制体重而不吃主食，只吃一些蔬菜、水果。父母如果不加干涉，听之任之，会让孩子身体缺乏必需的营养素，既增加孩子患病的风险，还影响孩子的生长发育。

吃饭狼吞虎咽

中学生学习任务繁重，吃饭时间短，往往狼吞虎咽地吃完饭后马上就要继续学习。这种吃饭方法，使食物得不到细嚼慢咽，大脑还没有提醒胃做好接收食物的准备，胃就被塞满了，很容易造成消化功能紊乱。

第六节　从现在开始，塑造健美形体

中学时期是孩子生长发育的重要时期，同时也是孩子塑造健美形体的关键期。父母要抓住这个关键期，为孩子的健美形体打好基础。健美形体的形成，既要保证孩子生长发育所需的营养，还要让孩子不长多余的脂肪。此时运动就是饮食的好搭档。

所以中学生应积极参与体育运动，体育运动不仅很好玩、很有乐趣，还可以使同学们有一个强壮、健美的身体。

锻炼的注意事项

1.遵循运动规律，做好热身活动

在运动前，应该做好热身活动。热身活动可以增加关节的活动范围，减少

运动中受伤的风险。热身活动可以是5～10分钟的小强度或中等强度有氧运动或肌肉耐力训练。让踝关节、膝关节、腰关节、肩关节、腕关节等活动开，避免不必要的受伤，运动结束后也要做好拉伸。

2.锻炼要持之以恒

增强体质靠“积累”，运动贵在坚持，必须持之以恒。在锻炼过程中，培养孩子自觉、积极、不用督促的良好习惯，使其主动进行锻炼。

3.锻炼全身，全面发展

锻炼时，不要长时间进行单一的或局部的练习，要选择一些对全身都有锻炼作用的项目或选择几个不同的项目能达到全面锻炼的目的。

4.饭后不宜立即运动，剧烈运动后不宜立即进食

饭后不宜立即运动。饭后半小时可以进行一些轻松的活动，如散步、拉伸等。更剧烈的运动，如跑步、打球，应至少在饭后2小时进行，否则剧烈运动会引起腹痛和不适。在剧烈运动后不宜立即进食，否则可能导致厌食、消化不良等。一般来说，运动后休息半小时以上再进食比较合适。

饮食注意

1.摄入合适的蛋白质

蛋白质与脂肪、糖类一起被称为人体必需的三大产能营养素。蛋白质是人的大脑、神经、肌肉、内脏、血液、皮肤、指甲甚至头发等的主要构成成分之一。所以，中学生每天都要补充一定量的蛋白质，为打造健美形体提供物质基础。

2.富含蛋白质的“明星”食材推荐

黄豆：每100克可食部分含有35克蛋白质。

黑豆：每100克可食部分含有36克蛋白质，被誉为“植物蛋白之王”。

猪里脊：每100克可食部分含有20.2克蛋白质，可补充植物蛋白中缺乏的必需氨基酸。

鸡肉：每100克可食部分含有19.3克蛋白质，其所含蛋白质为优质蛋白质，容易被人体吸收、利用，能增强体力、强壮身体。

鸡蛋：每100克可食部分含有13.3克蛋白质，其富含的优质蛋白质易被人体分解、吸收，为人体提供多种必需氨基酸。

第七节　营养早晚餐，离不开科学搭配

要想中学生的身体每天正常“工作”，就必须及时补充多种营养，但在自然界中，没有任何一种食物可以同时满足中学生身体所需的所有营养。一般来说，中学生进食只要杂一点，变化多一点，不偏食，就能保证身体的正常发育。

粗细搭配

粗细搭配是指每天的主食不可太单一，应坚持粗粮和细粮相结合，才能既满足中学生口味的喜好，又满足其生长发育所需。在谷物中，大多数维生素、矿物质、膳食纤维和蛋白质在谷皮和胚芽中含量丰富，却往往随着加工的过程被去除掉了。一般认为加工程度高的精米、面粉等为细粮，细粮营养素流失较多，但口感相对粗粮好。加工程度低的玉米、高粱、大麦等为粗粮。这些粗粮含有丰富的维生素（如维生素E、维生素B_1、维生素B_2、维生素C）、矿物质、膳食纤维和蛋白质，对维持中学生身体正常的代谢功能有重要作用，但口感相对细粮差一些。因此中学生的早晚餐应粗细搭配，才能既美味又营养。

干稀搭配

中学生饮食应坚持干稀搭配，既可增加饱腹感，还能为身体补充水分，促进消化、吸收及排出废物，降低血液黏稠度。在正常情况下，干稀搭配的食物可在胃中停留4～5小时。只吃干的食物会让食物在胃中停留时间延长，增大胃的负担，不利于消化；而稀的食物在胃中停留时间很短，其中的营养成分容易来不及吸收就被排出，不利于中学生获取所需营养。

荤素搭配

荤素搭配是指进食菜肴时，应有荤有素，合理搭配。荤指肉类食物，对内可滋养脏腑，对外润泽肌肤，为孩子的生长发育提供丰富的优质蛋白、矿物质和脂肪；素指主食、蔬菜、水果等，不但能补充必需的维生素、膳食纤维等，还能疏通胃肠、帮助消化。一般来说，比较合理的搭配是素食的总量要超过荤食的两倍，才能保障人体所需营养，促进中学生的健康成长。

五味调和

五味指辛、甘、酸、苦、咸五种味道，这五味食物既是人类饮食中重要调味品，又可促进食欲，帮助消化，是人体不可缺少的营养物质。

辛味食物有发散、行气、活血等作用，如姜、葱、蒜、辣椒、胡椒等。

甘味食物有补益等作用，如红糖、桂圆肉、蜂蜜、米、面等。

酸味食物有止汗、止泻、涩精等作用，如乌梅、山楂、石榴等。

苦味食物有清热、泻火、燥湿、降气、解毒等作用，如橘皮、苦瓜、百合等。

咸味食物有泻下、软坚、散结和补益阴血等作用，如盐、海带、紫菜、海蜇等。

要做到五味调和，一要浓淡适宜，二要注意各种味道的搭配，这样才能使营养全面。

第八节　你会买菜吗？

食材多，花样繁，营养全

家长们都想把最健康的食物给孩子吃，但是现在越来越多的添加剂过量的食品被曝光，让人们不禁质疑平时所吃食物的安全性。实际上，食品的确不是百分百的安全，添加剂过量的食品也真的存在于我们的饮食中，但绝不能因噎废食。你只需要在采购、清洗、烹饪时小心一点，就能够保证食品的安全。

掌握时限

巧妙选购，在食物保存时限内吃完。对于蔬菜、水果，最好只买3天的量，随买随吃肯定是最好的。当然，如果是忙碌的上班族，每周末买够一周的量问题也不大。可以在集中采购时买一些可在一周的最开始两三天吃的菜，如绿叶菜，再准备一些土豆、洋葱、胡萝卜等可存放时间较长的菜，菌类干品家中也可常备。

在菜市场买蔬菜、水果

菜市场的蔬菜、水果，种类多，价格也便宜，还可能比超市的更新鲜，可以常在菜市场选购蔬菜、水果。

在超市选购调料

超市的调料一般比菜市场卖得齐全，品牌也都比较知名，安全性相对更有保障。建议日常可以在超市选购调料。

家有中学生，一周食谱汇总

周一　麻酱花卷+凉拌木耳+酱牛肉+牛奶燕麦粥+梨

材料准备：麻酱花卷3个，牛奶3袋（每袋约250毫升），燕麦90克，酱牛肉100克，水发木耳150克，洋葱50克，梨3个。

周二　三鲜馄饨+果仁菠菜+煮蛋+酸奶

材料准备：三鲜馄饨150克，花生米30克，菠菜200克，鸡蛋3个，酸奶3杯（每杯约100毫升）。

周三　燕麦大米豆浆+牛肉大葱包子+五香豆干+小黄瓜

材料准备：燕麦50克，大米25克，黄豆15克，牛肉大葱包子3个，五香豆干100克，小黄瓜3根。

周四　馒头夹肉+紫薯大米粥+蒜蓉菠菜+卤蛋+香蕉

材料准备：馒头3个，酱肉75克，紫薯100克，大米75克，蒜蓉适量，菠菜250克，卤蛋3个，香蕉3根。

周五　番茄疙瘩汤+蒸玉米+洋葱炒蛋+酱猪肝+草莓

材料准备：面粉150克，番茄2个，玉米3段，洋葱100克，鸡蛋3个，酱猪肝75克，草莓150克。

周六　鸡肉三明治+凉拌海带丝+冬瓜虾皮蛋花汤+菠萝

材料准备：鸡胸肉100克，面包6片，番茄60克，生菜50克，海带丝150克，冬瓜100克，虾皮6克，鸡蛋1个，菠萝150克。

周日　豆角焖面+凉拌芹菜叶+红枣豆浆+杏仁

材料准备：扁豆角150克，面条150克，芹菜叶200克，红枣豆浆3杯，杏仁30克。

晚餐

周一　鸡蛋炒饭+萝卜丝鲫鱼汤+盐水毛豆+山药木耳炒莴笋

材料准备：鸡蛋2个，米饭150克，洋葱50克，白萝卜100克，小鲫鱼2条，毛豆100克，山药50克，水发木耳50克，莴笋80克。

周二　香菇大米粥+京味糊塌子+白灼芥蓝+清炖莲藕排骨

材料准备：干香菇5朵，大米75克，西葫芦200克，面粉50克，鸡蛋3个，芥蓝150克，排骨150克，莲藕100克。

周三　猪肉韭菜水饺+蒜蓉虾仁西蓝花+蓑衣黄瓜+海带豆腐汤

材料准备：猪肉韭菜饺子300克，虾仁70克，西蓝花200克，蒜蓉适量，黄瓜1根，海带80克，豆腐80克。

周四　蔬菜蝴蝶面+糖醋胡萝卜肉丁+鸡蛋羹+肉末茄条汤

材料准备：蝴蝶面150克，油菜150克，胡萝卜150克，猪里脊10克，鸡蛋2个，茄子100克，肉沫适量。

周五　灌汤包+清蒸鲈鱼+香芹豆干+冬瓜肉丸汤

材料准备：灌汤包6个，鲈鱼1条，芹菜150克，豆干50克，冬瓜100克，猪肉60克。

周六　咖喱鸡肉饭+荷兰豆炒腊肉+拌时蔬+紫菜蛋花汤

材料准备：米饭150克，鸡肉150克，咖喱适量，荷兰豆100克，腊肉50克，时蔬200克，紫菜5克，鸡蛋2个。

周日　意大利肉酱面+干煸鳝段+木耳炒白菜+香菇笋片汤

材料准备：意大利面150克，肉酱适量，鳝鱼1条，水发木耳100克，大白菜150克，香菇50克，青笋100克。

注：一周食谱早晚餐食材均是3人份。

第二章

小食材，大作用

第一节　虾皮——水中钙库

虾皮的营养

在众多的海产品中，虾皮往往不引人注目，一些人甚至认为相对于虾米来说，虾皮只不过是“等外品”，这是天大的误解。其实，虾皮并不是脱出的虾壳皮，而是新鲜、白嫩、完整毛虾的干制品，经煮熟后晒干或烘干的为熟虾皮，生虾晒干或烘干的为生虾皮，统称为虾皮。

虾皮的营养价值很高，每100克虾皮含30.70克蛋白质，大大高于大黄鱼、鳝鱼、对虾、带鱼、鲳鱼等水产品及牛肉、猪肉、鸡肉等。

虾皮的另一大特点是含矿物质的量、种类丰富。除了含有陆生、淡水生物缺少的碘元素，铁、钙、磷的含量也很丰富，每100克鲜虾皮含钙991.00毫克，所以，虾皮素有“水中钙库”之称。虾皮的营养成分见表3–1。

表3–1　每100克可食部分虾皮的营养成分

营养成分	含量	营养成分	含量
能量/千卡	154.40	钾/毫克	617.00
蛋白质/克	30.70	钠/毫克	5057.70
脂肪/克	2.20	钙/毫克	991.00
糖类/克	2.50	镁/毫克	265.00
维生素A/微克	19.00	铁/毫克	6.70
维生素B_1/毫克	0.02	锰/毫克	0.82
维生素B_2/毫克	0.14	锌/毫克	1.93
烟酸/毫克	3.10	铜/毫克	1.08
维生素E/毫克	0.92	磷/毫克	582.00
硒/微克	74.43		

注：1千卡≈4.2千焦

虾皮的功效与作用

虾皮味甘、咸，性温。据文献记载，虾皮具有补肾壮阳、理气开胃等功效。因其钙含量高，也是补钙的好选择。中学生正处于身体发育的关键时期，对钙的需求量高，虾皮就是个不错的选择。

1.补钙

虾皮含有丰富的蛋白质和矿物质，尤其是钙的含量极为丰富，是缺钙者补钙的较佳途径。

2.保护心血管

虾皮中含有丰富的镁元素，镁对心脏活动具有重要的调节作用，能很好地保护心血管系统，可减少血液中的胆固醇含量，对于预防动脉硬化、高血压及心肌梗死有一定的作用。

3.开胃

虾皮还有开胃健脾等作用，对胃部胀满有缓解效果。

如何选购虾皮

虾皮的选购要点是选大而均匀，虾身硬实而饱满，头尾齐全、呈白或微黄色，有光泽，盐度轻，无虾糠，无杂质，手感干而不黏的虾皮。

虾皮通常分为三级：

一级虾皮，体长2厘米以上，大而齐整，盐轻，色黄白，身干，味鲜美，无杂质，头尾不全者不得超过10%。

二级虾皮，体长2厘米以下，总体看虾皮不太齐整（头尾不全者不得超过25%），无杂质，色稍暗，盐稍重。

三级虾皮，总体上看虾皮长短不齐（头尾不全者在25%以上），碎虾较多，有杂质，手摸有潮湿感。

目前，市场上的虾皮主要问题是含盐量过高、杂质较多。致使虾皮重量增多，不易保存。在买虾皮时，我们应该注意购买无盐霜、杂质少、干度大的虾皮。

虾米、虾皮、虾仁、海米的区别

虾米：所有水域中生长的虾煮熟、晾干、去皮和头部后的部分。

虾皮：海洋中生长的毛虾煮熟、晾干之物。

虾仁：所有水域中生长的鲜虾去皮和头部后的部分。

海米：特指海水中生长的虾煮熟、晾干、去皮和头部后的部分。

虾皮含钙高，老少可适当多食，亦是做汤、拌馅、拌凉菜的佳品。鹰爪虾加工的虾米有“金钩”雅称，海水虾加工的虾米也称“海米”，虾米是做汤、锅底、凉菜等多种美味佳肴的好原料。

吃虾皮的讲究

虾皮营养丰富，每100克虾皮钙含量高达991毫克（成人的每日钙推荐摄入量为800毫克），但需注意的是，正是因为虾皮含钙高，因此不能在晚上吃很多，以免引发尿道结石。因为尿道结石的主要成分是钙，而食物中含的钙除一部分被肠壁吸收利用外，多余的钙全部从尿液中排出。人体排钙高峰一般在饭后4～5小时，如果晚餐食物中含钙过多，或者睡前吃虾皮，当排钙高峰到来时，人们已经上床睡觉，尿液就难以及时排出体外。这样，尿路中尿液的钙含量也就不断增加，不断沉积下来，久而久之容易形成尿道结石。

自制美食

自制虾皮粉

材料：虾皮适量。

做法：①选择质量好的虾皮，用大量清水漂洗3～5次，水的量为虾皮的8～10倍。②清洗沥干水后放入玻璃盘中铺平，微波炉高火加热3～5分钟即可取出。③倒入炒锅中焙干、放凉、磨粉，装入玻璃瓶中备用。

注意：微波炉一次性加热时间不宜过长，以防虾皮焦煳。可先加热2分钟后拿出来翻转一次，并观察水分丢失的情况，以确定再次加热时间。

其实虾皮粉还有一种非常好的用处，就是平时可拿它当味精使用。这样在炒菜、煮汤的时候我们都可以加一些这种虾皮粉，味道绝不比味精差，既提鲜了味道，又能补充大量钙。

第二节　大白菜——百菜之王

大白菜的营养

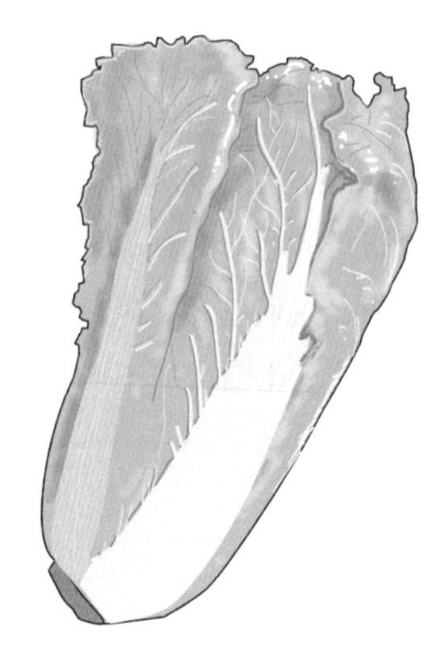

大白菜中含有很多微量元素，其中硒是心脏代谢不可或缺的微量元素，被誉为“生命火种”；还有锌，锌能促进人体生长发育，改善味觉，提高人体免疫力，每100克大白菜含锌约0.38毫克。大白菜中富含这些营养成分，因此民间有“百菜不如白菜”“冬日白菜美如笋”之说。大白菜的营养成分见表3-2。

表3-2　每100克大白菜的营养成分

营养成分	含量	营养成分	含量
能量/千卡	20.00	维生素E/毫克	0.76
蛋白质/克	1.50	钙/毫克	50.00
糖类/克	3.20	磷/毫克	31.00
膳食纤维/克	0.80	钾/毫克	130.00
胡萝卜素/微克	120.00	镁/毫克	11.00
维生素A/微克	20.00	锌/毫克	0.38
维生素C/毫克	31.00	钠/毫克	57.50
维生素B_1/毫克	0.04	铁/毫克	0.70
维生素B_2/毫克	0.05	硒/微克	0.50

大白菜的功效与作用

大白菜除了作为蔬菜供人们食用之外，还有很多的药用价值。大白菜性平、味甘，养胃，利小便。凡感冒、肺热、咳嗽、心烦口渴、大便不畅、小便黄少者，常食大白菜有益。大白菜富含维生素C、膳食纤维，对防治动脉粥样硬化、便秘有好处。

1.预防感冒

中医上讲，大白菜性平、味甘，有清热除烦、解渴利尿、通利肠胃的功效，经常吃大白菜可防治维生素C缺乏症（坏血病）。民间还用大白菜治感冒。

2.促进消化

大白菜含有丰富的膳食纤维，不但能起到润肠、促进排毒的作用，还能刺激胃肠蠕动，促进大便排泄，帮助消化。

3.美肤

大白菜富含的维生素C和胡萝卜素都是美肤的重要物质，它们进入人体后通过抗氧化、参与胶原蛋白合成等方式来发挥作用，同时还能降低胆固醇，改善和保护血管弹性，还可以促进新陈代谢，防止皮肤变得干燥、粗糙、失去光泽。

4.减肥

大白菜被人们称为“减肥菜”，首先，因为它本身所含能量极少，吃后不至于引起能量过剩。其次，大白菜中所含的果胶，可以帮助人体排除多余的胆固醇。大白菜中含钠也很少，不会使身体保存多余的水分，可以减轻心脏的负担。因此青少年肥胖者，就更应该多吃大白菜。

大白菜的烹调技巧

1.宜先洗后切

由于大白菜里的维生素C等营养成分易溶于水，若切后再洗，这些营养成分就容易损失，因此要先洗后切，以保证营养成分不丢失。

2.顺着纤维纹路切

切大白菜也有讲究，应该顺着大白菜的纤维纹路竖切，这样可分开白菜的梗和叶子，在烹调的时候先放梗后放叶子，既保证梗和叶子都熟了，也保证口感。

3.宜用沸水焯

烹调大白菜时用沸水焯一下可以去除它的泥腥味，做出来更好吃，不过大白菜在沸水中焯的时间不宜过长，最佳的时间为20～30秒，焯得太软、太烂，既影响口感，又丧失营养。烹调白菜的时间也不要过长。

4.烹调宜加醋

在烹调大白菜时，应适当放点醋，无论从味道还是从保护营养成分来讲，都是必要的。醋可以使大白菜中的维生素C更加稳定，不易被破坏。

提示

①未腌透或煮熟的大白菜不宜久放，这是因为新鲜大白菜含有大量的硝酸盐，大白菜未腌透或煮熟后放置的时间过长，会使硝酸盐还原成易使人体中毒的亚硝酸盐。所以大白菜宜现炒现吃，不要食用隔夜的熟大白菜。腌大白菜要腌透，吃时洗净炒熟再吃。

②烹调大白菜时不宜焖煮，不要用铜制器皿盛放或烹调大白菜。

自制美食

自制辣白菜

材料：大白菜、辣椒面、苹果、梨、姜、蒜、盐、白糖、鱼露、糯米粉。

做法：①将大白菜切为4份，洗净，控干水分，内外均匀抹上盐，腌制4小时后，挤干水分。②辣椒面里调入鱼露、糯米粉、盐、白糖，用凉开水调匀。③苹果、梨、姜、蒜用搅拌器搅成糊状，与调好的辣椒等配料混合均匀。④将调好的辣椒糊均匀抹在大白菜外层，辣椒糊抹好后，放进密封的容器中（如保鲜盒或普通容器盖上保鲜膜），密封容器，先在室温放24～36小时，快速发酵，再放入冰箱冷藏一周即可食用。

注意：可根据自己的口味，选择添加虾酱、萝卜、韭菜等配料。

以2棵大白菜为例，用料比例大概是：一般大小的苹果和梨各1个，蒜半头、姜1小块，辣椒粉250 克，糯米粉50 克，鱼露5 克，白糖少量，盐少量（因为腌制大白菜的时候已经用盐了）。调制辣椒糊的时候，可以尝一尝咸淡。应注意，做辣白菜的容器一定要无油。

第三节　燕麦——苗条好搭档

燕麦的营养

燕麦的营养价值很高，在谷物中蛋白质含量很高，且含有人体必需的8种氨基酸，维生素E的含量高于大米和小麦，维生素B的含量也较多。燕麦的蛋白质含量平均达16.89 %，高出大米155 %、玉米58 %、小麦面粉50 %、小米53 %。8种氨基酸组成较平衡，赖氨酸含量高于大米和小麦面粉。燕麦脂肪含量和能量都很高，脂肪含量是大米的11.9 倍，是小麦面粉的4.6 倍。燕麦脂肪的主要成分是不饱和脂肪酸，其中的亚油酸可降低胆固醇,预防心脏病。此外，燕麦维生素、磷和铁等物质也比较丰富。燕麦的营养成分见表3–3。

表3–3　每100克可食部分燕麦的营养成分

营养成分	含量	营养成分	含量
能量/千卡	389.00	钾/毫克	429.00
蛋白质/克	16.89	钠/毫克	2.00
脂肪/克	6.90	钙/毫克	54.00
糖类/克	66.27	镁/毫克	177.00
膳食纤维/克	10.60	铁/毫克	4.72
维生素B_1/毫克	0.76	锌/毫克	3.97
维生素B_2/毫克	0.13	锰/毫克	4.92
维生素B_3/毫克	0.96	磷/毫克	523.00

近几年来，燕麦食品身价倍增，已成为最流行的、最受欢迎的天然保健食品之一。商家将燕麦加工成燕麦片、燕麦粉、饼干、糕点、快餐食品、发酵饮料等，投放市场，供不应求。

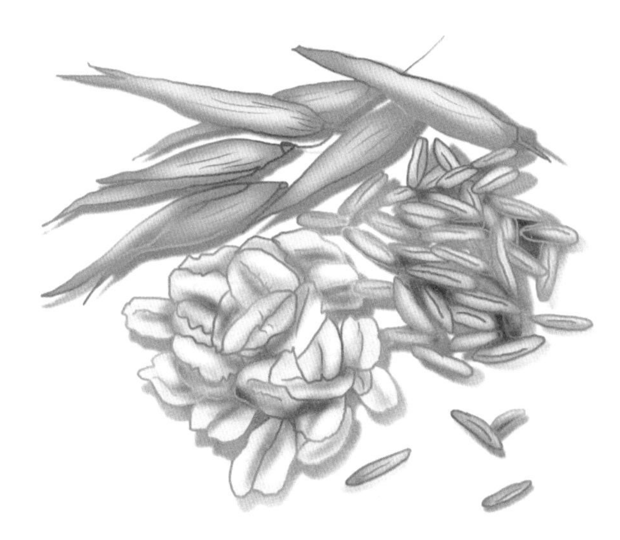

燕麦的功效与作用

燕麦味甘、性平，入脾、胃经，具有补益脾胃、润肠通便、止虚汗、止血的功效，可以帮助预防动脉硬化和降血脂、血糖，控制糖尿病的发展。

1.降血脂、血糖

燕麦中特有的β-葡聚糖具有降低胆固醇、平稳血糖的功效。β-葡聚糖在调节人体血脂、血糖，软化血管，预防高血压，提高机体免疫力，降低心血管发病率等方面有保健功能。燕麦亚糊粉层中的β-葡聚糖含量高于其他大部分谷类食物。因此，燕麦是公认的有降血脂、血糖功效的食品。

2.通便

燕麦中含有大量水溶性膳食纤维，可以改善消化功能、促进胃肠道蠕动及润肠通便，将人体内积存的毒素、代谢废物等有害物质及时排出，减少疾病。

3.缓解压力

维生素是各种生物维持正常生理活动所需的有机化合物，有利于新陈代谢。燕麦含有丰富的维生素B_1、维生素B_2、维生素B_3、维生素C以及叶酸等，可以改善血液循环，缓解中学生的学习压力。

自制美食

自制小麦胚芽燕麦饼干

材料：低筋面粉2杯，小麦胚芽1杯，燕麦片1杯，红糖1杯，牛奶1杯，奶油1/4杯，花生酱1/3杯，鸡蛋1个。

做法：①把食材混合均匀，揉成表面光滑的面团。②拿一只大烤盘，将面团倒入，抹平（越薄越脆）。③将大烤盘放入160摄氏度烤箱内烤25～30分钟，烤好后将大烤盘晾1～2分钟，倒出小麦胚芽燕麦饼干，趁热切块。

第四节　番茄

番茄的营养

番茄又名西红柿，其颜色有大红、粉红、橘黄，肉厚多汁，酸甜可口，可以生吃。番茄是番茄红素最丰富的食物来源，番茄红素具有很强的抗氧化活性和较多药理作用。番茄的营养成分见表3–4。

表3–4　每100克可食部分番茄的营养成分

营养成分	含量	营养成分	含量
能量/千卡	21.75	维生素E/毫克	0.54
蛋白质/克	0.90	钙/毫克	10.00
糖类/克	4.00	磷/毫克	23.00
膳食纤维/克	1.20	钠/毫克	5.00
胡萝卜素/微克	550.00	钾/毫克	163.00
维生素A/微克	249.90	镁/毫克	9.00

续表

营养成分	含量	营养成分	含量
维生素C/毫克	19.00	锌/毫克	0.13
维生素B_1/毫克	0.03	铁/毫克	0.40
维生素B_2/毫克	0.03	硒/微克	0.20

番茄的功效与作用

番茄味甘酸、性微寒，入肝、胃经，具有生津止渴、健胃消食、凉血平肝、清热解毒、抗炎、平喘的功效，可改善胃酸过少、进食无味、食欲不振等症。还可以防治肥胖、高血压和夜盲。番茄中的番茄红素有抗氧化的作用，它还含有一种物质——谷胱甘肽，能使体内某些细胞免受氧化损伤，并能帮助维持正常免疫功能。

1.缓解咽喉疼痛

将半杯番茄汁、半杯温水掺在一起，用来漱喉，能够减轻咽喉疼痛的症状。

2.降低心血管疾病的危险性

心血管疾病的发生、发展与体内自由基过多息息相关。番茄红素由于其很强的抗氧化作用，可以有效地消除氧自由基，预防或减轻心血管疾病，降低心血管疾病的危险性。

3.抗衰老

番茄红素不仅仅是重要的天然食品着色剂，还是很强的抗氧化剂。给人体补充番茄红素，可以帮助身体抵抗各种由氧自由基过多引起的退化、老化性疾病。人体新陈代谢会持续不断地产生氧自由基，空气污染、药物、日光、辐射等也会使体内产生氧自由基。氧自由基与体内细胞的大分子融合，会使皮肤失去弹性、光泽并出现皱纹，使皮肤衰老。而人体内的抗氧化系统会随着年龄增长而日趋衰退。当氧自由基数量突然增加或体内抗氧化系统的功能下降时，人体就无法完全消除氧自由基。补充番茄红素就能帮助有效清除氧自由基，抵抗衰老。

4.缓解便秘

番茄所含的苹果酸、柠檬酸等有机酸，能促使胃液分泌，促进人体对脂肪及蛋白质的消化；增加胃酸浓度，调整胃肠功能，有助于胃肠疾病的康复。番茄所含果酸及纤维素有助于消化，能润肠通便，可防治便秘。

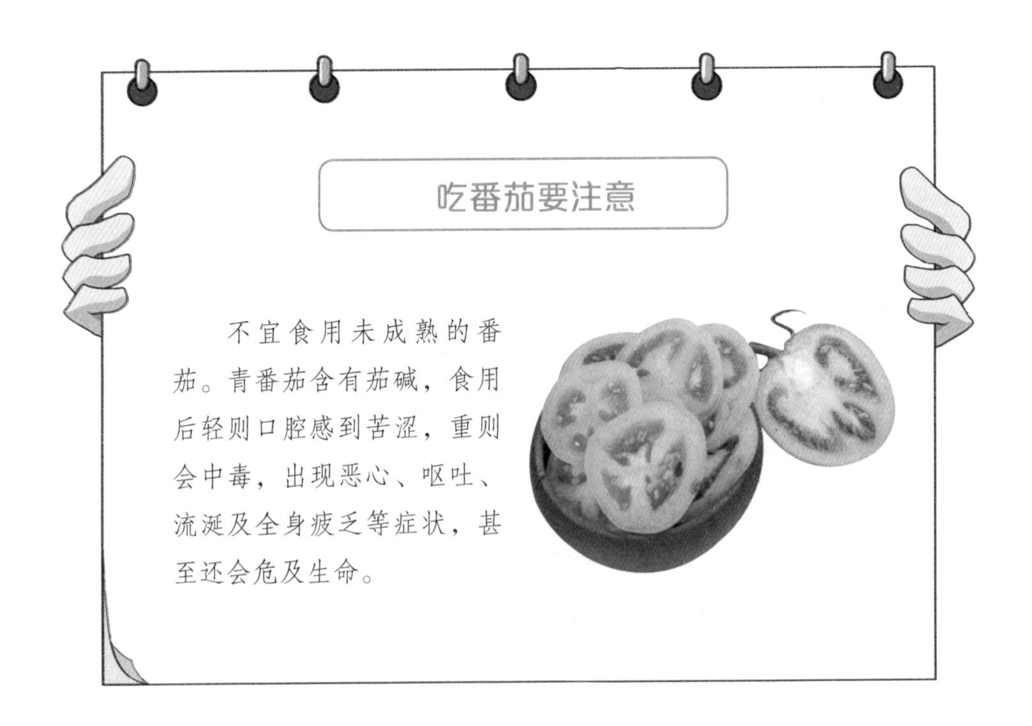

自制美食

自制番茄酱

材料：新鲜番茄3个，冰糖50克。

做法：①番茄去皮，切成小块。②干净不锈钢锅内加水2杯，水烧开后，加入冰糖，中火慢熬至冰糖呈黏稠状时加入番茄，小火慢熬。③用锅铲按一个方向有规律地搅动，至番茄和冰糖混合均匀为番茄酱。④冷却后出锅装瓶，放入冰箱保存。

去除番茄皮的方法

用小刀在番茄顶部十字花刀划破表皮，把开水浇在番茄上，或者把番茄放入开水里焯一下，番茄的皮就能很容易地剥掉了。把番茄从尖部到底部都细细地用勺刮一遍，使番茄的外皮和内部的果肉贴得不那么紧密，这时再用手撕番茄皮，也很容易。

第五节　银耳——提高免疫力

银耳的营养

银耳因其色白，状似人耳，又称白木耳、雪耳，依附木体而生。一般分布在南方，以四川、福建的银耳较为著名。

银耳有“菌中之冠”的美称。野生银耳数量稀少，古代皇家贵族都将其看作是“延年益寿之品”“长生不老良药”。

银耳的营养成分相当丰富，含有蛋白质、矿物质和多糖等。银耳的蛋白质中含有17种氨基酸，3/4人体所必需的氨基酸银耳都能提供。银耳还含有多种矿物质，如钙、磷、铁、钾、钠、镁、硫等，其中钙、铁的含量很高。此外，银耳中还含有海藻糖、多缩戊糖、甘露糖醇等，营养价值很高。干银耳的营养成分见表3–5。

表3–5　每100克可食部分干银耳的营养成分

营养成分	含量	营养成分	含量
能量/千卡	261.00	维生素E/毫克	1.26
蛋白质/克	10.00	钾/毫克	1588.00
脂肪/克	1.40	钠/毫克	82.10
糖类/克	67.30	钙/毫克	36.00
膳食纤维/克	30.40	镁/毫克	54.00
胡萝卜素/微克	50.00	铁/毫克	4.10
维生素A/微克	8.00	锌/毫克	3.03
维生素B_1/毫克	0.05	铜/毫克	0.08
维生素B_2/毫克	0.25	磷/毫克	369.00
维生素B_3/毫克	5.30	硒/微克	2.95

银耳的功效与作用

银耳味甘、性平，入肺、胃、肾、大肠经，能润肺、养胃、补肾、生津、滋补、健脑，可以防治虚劳咳嗽、痰中带血、虚热口渴等，对肺源性疾病有食疗作用。

1.润肺

中医认为银耳可滋阴润肺，对缓解咳嗽有一定疗效。

2.美肤

银耳富有天然植物性胶质，加上它的滋阴作用，长期服用可以润肤，并有改善脸部黄褐斑、雀斑的功效。

3.提高免疫力

银耳中的银耳多糖能增强人体的免疫力，加强白细胞的吞噬能力，兴奋骨髓造血功能。

4.消除疲劳

银耳所含的磷，可消除肌肉疲劳。

5.通便、减肥

银耳含膳食纤维，可以促进肠蠕动，减少人体对脂肪的吸收，起到通便、减肥的作用。

6.保肝

银耳能提高肝脏解毒能力，起保肝作用。

对银耳的认识误区

许多人都知道银耳可以滋阴润肺，所以在有呼吸道疾病时爱食用银耳。然而曾有几位患者，感冒了，咳嗽多痰，食用了银耳后不但病情没有缓解，痰还更多了，且总咳不出来。让他们把银耳停用后，咳嗽多痰的问题反而减轻了。这是因为银耳除了滋阴润肺，同时又是中医讲的“下沉”之物，其滋腻的特性也比较大，食用后易使人体的痰不易咳出。如果单纯咳嗽无痰，食用银耳效果很好。如果咳嗽有痰，就不宜食用银耳了。

提示

①因银耳较滋腻，凡风寒咳嗽多痰、湿热生疮者忌食。用硫磺过度熏蒸后的银耳外表洁白悦目，但闻起来有一股刺鼻的味道，不能食用，否则易食物中毒。

②银耳宜用开水泡发，泡后未发开的部分，特别是呈淡黄色的部分，最好丢弃。

自制美食

银耳百合香蕉羹

材料：干银耳20克，鲜百合100克，香蕉2根，枸杞、冰糖适量。

做法：①将干银耳浸泡，摘去蒂梗，洗净，蒸30分钟；鲜百合去蒂洗净；香蕉去皮切片。②将以上食材同放炖盅内，加枸杞、冰糖、适量水，蒸30分钟即可。

烹调提示：先用大火烧开，然后用小火蒸。

搭配理由：此羹银耳滑嫩，百合、香蕉软烂，甜香可口；富含蛋白质、糖类、钾、磷、钙、维生素；搭配枸杞，具有养阴润肺、美容、润肠通便的作用。

第六节　猪蹄——强健筋骨

猪蹄的营养

猪蹄含有丰富的胶原蛋白，脂肪含量也比肥肉低，并含有维生素A、B族维生素、维生素D、维生素E及钙、磷、镁、铁等营养物质。尤其是猪蹄中的蛋白质含量，据说可是与熊掌不相上下。猪蹄的营养成分见表3-6。

表3-6　每100克可食部分猪蹄的营养成分

营养成分	含量	营养成分	含量
能量/千卡	260.00	钾/毫克	54.00
蛋白质/克	22.60	钠/毫克	101.00
脂肪/克	18.80	钙/毫克	33.00

续表

营养成分	含量	营养成分	含量
维生素A/微克	6.00	镁/毫克	5.00
维生素B_1/毫克	0.05	铁/毫克	1.10
维生素B_2/毫克	0.10	锌/毫克	1.14
维生素B_3/毫克	1.50	磷/毫克	33.00
维生素E/毫克	0.01	硒/微克	5.85

猪蹄的功效与作用

猪蹄味甘咸、性平，入胃、肾经，具有补血、通乳、托疮、润肌肤、补虚弱、填肾精、健腰膝的功效，主治妇人乳少、痈疽、疮毒等。

1.镇静作用

猪蹄中的胶原蛋白由众多的氨基酸组成，其中的甘氨酸有益于中枢神经的镇静。

2.强健筋骨

猪蹄中含有丰富的胶原蛋白，这是一种生物大分子物质，是肌腱、韧带及结缔组织中最主要的蛋白质成分。在人体内，胶原蛋白约占蛋白质总量的三分之一。若胶原蛋白合成发生了异常，就会引起“胶原病”。骨骼生成时，首先必须要合成充足的胶原蛋白纤维组成骨骼的框架，所以胶原蛋白又是“骨骼中的骨骼”。

自制美食

自制猪蹄冻

材料：猪蹄1个，葱段、姜片、大料、料酒、盐适量，酱油、红油、花椒油、蒜末、醋、香菜碎、白糖适量。

做法：①把猪蹄洗净，放入凉水锅里煮开。捞出，洗去浮沫。②猪蹄放入电炖锅，加水没过猪蹄，加葱段、姜片、大料、料酒、盐，盖上锅盖，高火煮至脱骨。③断电，待不烫的时候，捞出猪蹄，去掉骨头，把肉切小碎块，平铺在饭盒里。④汤里的葱姜等调料捞出扔掉，把汤倒入饭盒，晾凉后放冰箱冷藏。⑤吃之前，用勺子把表面凝固的油刮掉不要，把猪蹄冻切块，浇上酱油、红油、花椒油、蒜末、醋、香菜碎以及少许白糖拌好的调料即可。

自制猪蹄冻要注意

水最好一次加足，如果觉得炖好后的汤汁不够黏稠的话，可再继续开火熬一熬。也可以根据自己的喜好来调味，适当加入些药材，效果更佳。盐别放多了，稍微少放一点，吃的时候可以加酱油调味。

第四章

早餐美味，营养加倍

第一节　这样搭配早餐才营养

一顿完美的早餐应该包括以下四大类食物：主食（馒头、面条、面包、米饭、玉米、红薯、山药等），蔬菜水果类，肉蛋类（富含蛋白质的食物），奶类、豆制品（补钙）。如果每天能吃到含有上述四类食物的早餐，还能做到粗细搭配、软硬搭配，就能保证营养的均衡和吸收。

如果你的早餐中上述四类食物都有，则为营养充足的早餐；如果仅有其中三类，则早餐的质量较好；如果只有两类或两类以下，则早餐的质量较差。

这样的常见搭配必须改进

1.清粥+小菜（咸菜、腐乳等）

这样的早餐只能提供能量，缺乏人体所需的蛋白质和维生素等营养素，另外咸菜、腐乳中盐分过高，不利于身体健康。要想达到健康早餐的标准，可以在煮粥时加一些杂豆，并将咸菜、腐乳换成炒青菜等炒菜。

2.夹馅面包+牛奶

夹馅的面包不论咸或甜，油脂和糖含量都不少。糖分太多，会使血糖很快上升，但又很快下降，因此很难维持一上午所需的充沛精力。如果你的早餐中有夹馅面包，不妨换成全麦面包片，将黄瓜、生菜、番茄、水果等切片夹在两片面包中吃，以摄入更多种类的营养素。

加餐小食品推荐

水果：苹果、香蕉、猕猴桃、橘子、西瓜、葡萄、梨、火龙果、红枣、樱桃、桃子、荔枝、草莓。

坚果：葵花子、花生、核桃、南瓜籽、开心果、栗子、杏仁、腰果。

其他：牛奶、酸奶、豆浆、面包、泡芙、铜锣烧、饼干。

第二节　高频早餐问题答疑

问题1：早餐不吃，午餐和晚餐补回来行吗？

早餐是开启一天学习、生活的第一餐，也是身体经过一夜的睡眠休息后新一天的能量补充，只有早餐摄取丰富的营养，才能够应付接下来一个上午乃至一天的消耗。如果不吃早餐，直到中午才进食，胃长时间处于饥饿状态，会造成胃酸分泌过多，长期下来容易造成胃炎、胃溃疡。另外，如果不吃早餐，整个上午都得不到能量补充，孩子就没有很好的精力学习。因此，早餐不吃，午餐和晚餐再怎么吃也是补不回来的，并且午餐和晚餐吃得过多还容易造成肠胃的负担，引发肥胖、消化不良等。

问题2：早餐可以只吃油条、包子吗？

主食在我们国家的传统饮食习惯里占了很大的比重，是最理想、最经济的能量来源。主食只是我们均衡饮食中的一部分，能够提供丰富的能量和糖类，

但是对于发育期的孩子来说，身体发育不仅需要能量，还需要其他营养素。如果早餐只吃油条、包子等主食，蛋白质、维生素等的摄入是得不到满足的，一定要搭配其他食物才能做到更加合理。比如选择一种主食再加上一杯牛奶，一个鸡蛋，一份小拌菜，这样的搭配就显得更有营养了。

问题3：早餐可以只吃水果吗？

早餐要摄入蛋白质、糖类、维生素等多种营养素才能保证身体的正常发育，而水果里的营养素以维生素和矿物质为主，比较缺乏蛋白质，如果只吃水果，不吃主食等，会造成营养不良。另外，早餐时间空腹吃水果也是不科学的。像苹果、橘子、葡萄等水果中含有大量的有机酸，会刺激胃黏膜，对胃部健康非常不利。

问题4：早餐可以吃前一天的剩饭剩菜吗？

很多人习惯把前一天的剩饭剩菜当成第二天的早餐，甚至在前一天会专门多做一些饭菜，留出一些作为第二天早晨的早餐。但是，最好不要这样吃早餐。因为很多食材加热后放一宿，特别是蔬菜，会产生亚硝酸盐，这是一种公认的致癌物，吃后会对人体健康产生危害。因此，早餐要尽量吃新鲜的食物，前晚吃剩的饭菜尽量别吃。

问题5：早餐一定要吃鸡蛋吗？

鸡蛋应该是早餐中必不可少的食材，因为鸡蛋富含蛋白质，并且是优质蛋白，能为人体提供能量。同时，鸡蛋在促进大脑发育、提高记忆力、增强体质方面有很好的效果。一般建议中学生每人每天吃1个鸡蛋。虽然鸡蛋含有一定量的胆固醇，但是，对于中学生来说，一天吃1个鸡蛋，身体能够正常代谢掉的并不会造成胆固醇堆积。对于“三高”的孩子则需要适当控制，或者少吃蛋黄。

第三节　快捷早餐来支招

做好充分的准备工作

1.提前买

前一天要对第二天的早餐所需的食材、调料等心中有数，提前备齐，比如第二天要做鸡蛋羹，可家里没有鸡蛋，那就要提前购买哦！

2.提前切

猪肉、鸡肉、牛肉、海鲜等食品，可以提前清洗干净，切好或腌渍好，然后放入冰箱冷藏，能节省不少烹调时间，但要注意，这些肉类食物放入冰箱前最好罩上保鲜膜，以免混入冰箱中其他食材的味道，使其风味变差。

3.提前洗，用时切

蔬菜可以提前一天洗好，但一定要沥干水分，不然容易变质，另外洗净后不要切，烹调时现切比较好，不然会损失大量的营养素。大葱、姜、蒜等调味料，需要洗的也可以提前洗净，放入冰箱存放时也要沥干水分，并且先不要切，不然会使其特有的香味减弱。

4.借助小电器

如果有一些便利的厨房小电器（如豆浆机等），就充分利用起来吧，尤其是预约功能这一项，能帮家长解决很多烦恼。

合理统筹时间

合理统筹时间就是安排制作早餐步骤的时间要合理、有序。比如需要烧开水焯烫蔬菜，就可以先把水放入锅里烧，同时洗菜、切菜，处理食材。这样等水开了，食材也处理好了。如果先处理食材，再烧水，时间就被拉长了。

早餐举例：山药小米粥+炝拌木耳+煮鸡蛋+麻酱花卷

山药小米粥：可以在前一晚将熬粥用的小米和山药处理好后一同倒入带有定时功能的电饭煲中，加入足量的清水，设定好将粥煮好的时间，第二天一早打开锅盖就能喝到热乎乎的山药小米粥了！

炝拌木耳：这道菜需要用到木耳和莴笋。注意，木耳最好不要提前一天泡发，而应当天再泡发。将需要用到的莴笋提前洗净，沥干水分，切条放入冰箱冷藏。

第二天快速早餐：泡发木耳的同时用一个炉灶先煮鸡蛋；另一个炉灶烧水准备焯烫木耳和莴笋，在其上方还可以热花卷，同时将“炝拌木耳”所需的蒜末切好。水开后焯烫食材，捞出沥水，把鸡蛋捞出，过凉水。然后把莴笋条、木耳放入盘中，加盐、蒜末、醋拌匀，淋上花椒油即可。一顿丰盛的早餐就做好了。

注意：制作早餐在省时省力的同时，也一定要保证饮食的安全和健康，否则就适得其反了，不但不能保证健康，还可能为身体埋下健康隐患。

第四节　常见的早餐“明星”食物

方便早餐单品

1.牛奶、酸奶

牛奶富含钙和蛋白质，可强健骨骼、促进成长、增强免疫力、促进睡眠等。喝牛奶的时候，最好搭配馒头、米饭、面包等含淀粉的食物，这样可使牛奶在胃中停留时间较长，从而与胃液充分发生酶解作用，使营养更好被消化吸收。酸奶中除了富含钙和优质蛋白外，还含有丰富的益生菌，能帮孩子更好地消化。

爱心·贴士

组成人体蛋白质的氨基酸有20种，其中有8种是人体本身不能合成的，称为必需氨基酸。我们进食的蛋白质中如果包含了所有的必需氨基酸，这种蛋白质便叫作完全蛋白质，牛奶中的蛋白质便是完全蛋白质。

2.豆腐脑

豆腐脑蛋白质含量丰富，并且含有人体必需的8种氨基酸，在人体中的消化利用率较高，可降低血脂，保护血管，预防心血管疾病。对于豆腐脑的口味偏好，南、北方往往各执一词，南方的豆腐脑以甜味为主，北方的豆腐脑则以咸味为主。甜味和咸味主要取决于作料的不同，甜的一般是加入糖浆，夏天可凉吃，冬天则加入热糖水和姜汁；咸的一般是加入咸味作料，比如酱油，再加些香菜、榨菜、黄花菜、木耳、辣椒油，也有的放韭菜花、蒜泥。

3.煎饼果子

煎饼果子是很有名气的小吃，街头巷尾都可看见它的身影。绿豆面、杂粮面摊成的薄饼，打上鸡蛋，有时还会加入油条、薄脆、火腿肠等，然后撒上葱花、芝麻碎，涂上面酱或者辣椒酱，热腾腾，香喷喷，十分诱人。

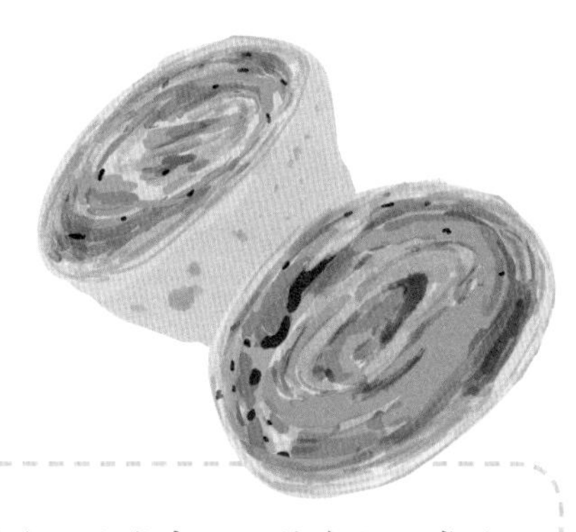

爱心·贴士

建议在食用煎饼果子时少加油条、薄脆，这类高温油炸食物经常吃容易摄入过多能量，引起肥胖。

4.面包

面包是以黑麦、小麦等为基本原料，经过发酵、烘焙等工序制作而成，口味和花样很多。很多人习惯买面包做早餐，有时会搭配牛奶，认为这样吃起来方便、快捷，且饱腹感强。但是，市面上大部分面包是高能量的食品，且市面上有些面包为了口感好不但加入了奶油、黄油，还加入了很多精制糖等，致其含有大量的饱和脂肪，多吃容易发胖，且对心血管健康不利，所以应该少吃。

爱心·贴士

为了健康，如果要以面包为早餐可以尽量选择全麦面包，或者使用面包机自己制作面包。

5.油条

松脆而又有韧劲的油条是中国传统面食，一直以来，它与豆浆的搭配被奉为早餐的经典，为大多数人所喜爱。但油条经过反复高温加热后，会产生一些有害物质，如杂环胺；而且高温使蛋白质变质，还会破坏食

物中的维生素，如维生素A、维生素E、B族维生素导致油条营养价值较低。另外，有些不良商家在油条中加入了过量明矾而使铝含量严重超标。铝容易被肠道吸收，过量摄入铝会影响智力发育，可能导致中学生智力发育迟缓。

方便早餐半成品

速冻食品

各种速冻包子、速冻饺子、速冻汤圆、速冻馒头等速冻食品深受上班族的欢迎，这些食品买回家后，直接水煮或者放入蒸笼蒸一下就能食用，十分节省时间。速冻食品十分快捷，适量吃些未尝不可，但是最好不要长期大量食用，因为速冻食品在营养价值方面毕竟不如新鲜食品好。

爱心·贴士

不要将包装破损或已拆封的速冻食品直接放入冷冻室，须在包装外加个塑料袋，并扎紧袋口，以免产品干燥或油脂氧化。

自己动手做，超简单快捷

1.豆浆

从古老的石磨研磨，到各式技术先进的豆浆机的问世，无不证明了中国人对豆浆的喜爱。豆浆相比整粒的黄豆，富含优质蛋白、膳食纤维、钙，营养更易吸收，孩子适当喝豆浆有助于生长、发育。切记豆浆必须煮熟饮用，因为生豆浆中含有皂素、胰蛋白酶抑制物等有害物质，未煮熟就饮用，会发生恶心、呕吐、腹泻等中毒症状。

爱心·贴士

打豆浆的时候不妨一起打上一些谷类，这样营养会更加均衡，食物中的氨基酸会很好地互补。

2.燕麦片（燕麦粥）

燕麦富含膳食纤维，不仅可以防止发胖，还能促进肠道蠕动，并有预防心脑血管疾病和糖尿病的作用。燕麦片就是燕麦麦粒轧制而成的，呈扁平状。燕麦片有的需要煮，有的只需用沸水冲食，相比而言，最好选择需要煮的燕麦片，其营养素在加工过程中流失更少。

3.茶叶蛋

茶叶蛋可为人体补充蛋白质、脂肪、卵磷脂等，能健脑益智、提高免疫力，但茶叶和鸡蛋搭配对胃有刺激，不宜多吃，可以偶尔吃一次，大多数时候还是建议选择白煮蛋。

第五章

营养科学的精致晚餐

第一节　晚餐搭配更健康

晚餐在一日三餐中的地位十分重要，所以中学生必须要吃好晚餐。吃好并不是吃得饱饱的，吃得太饱只会加重胃肠负担，不利于身体的健康。中学生的晚餐应该是营养又健康的，并且父母要帮助孩子养成正确的晚餐饮食习惯，让我们一起看看怎样吃晚餐才是最科学的吧！

一般来说，中学生的早餐总是因为要赶时间而匆匆忙忙地就吃了，午餐就在学校的食堂解决，晚餐似乎成了中学生一天中最重要的一餐，什么丰盛吃什么，但其实晚餐的选择也是有讲究的。

主食为主

一般来说，晚餐应吃100克花卷、馒头或米饭等主食，50～100克肉类，50克鱼类，两种以上的蔬菜，还可以吃一些水果。做好干稀搭配，这样更有利于食物的消化吸收。此外，最好每周吃1～2次豆制品。

多吃富含膳食纤维的薯类

这类食物既能帮助消化，防止便秘，又能供给人体需要的膳食纤维和微量元素，还能增强人的饱腹感，相对减少能量的摄入，是晚餐优先选择的优质食物。

素菜和荤菜的比例为7：3

人们普遍容易犯一个错误，即晚餐荤多素少。殊不知晚餐经常吃过量的荤食，会使体内胆固醇的含量增高，过多的胆固醇会堆积在血管壁上，时间久了易诱发动脉硬化和冠心病。所以晚餐应适当少油、少盐，并且适当多吃蔬菜。

首选“白肉”

通常人们把牛肉、羊肉和猪肉叫作“红肉”，把鱼肉、禽类肉叫作“白肉”。“白肉”的蛋白质含量与“红肉”的大致相同，不同的是饱和脂肪酸含量较低。而且“白肉”比“红肉”更易消化，所以晚餐选择肉类食物时，应首选“白肉”。

第二节　这些小窍门让晚餐更愉快

让孩子保持愉悦的心情

让孩子餐前保持心情愉悦，可以增加孩子的食欲，减少孩子挑食，从而使其更好地进食晚餐。所以父母不要在餐前训斥孩子，也不要强迫孩子吃饭，否则孩子会讨厌吃饭这件事情。

充满爱的晚餐氛围

忙碌的父母们为了支撑家庭，为了给孩子提供优越的生活条件，反而缺少与孩子的沟通，甚至与孩子一起吃饭的次数都变得越来越少了。这就让孩子的成长变得越来越孤独、落寞。如果父母能充分利用晚餐时间，和孩子一起在充满爱的氛围中进食晚餐，可以让孩子进餐时更愉悦，提高孩子对进食晚餐的兴趣，并有助于其消化吸收。

邀请小伙伴

父母可以邀请孩子的一些小伙伴一起进食晚餐，这样可以调动孩子吃饭的兴趣，非常有利于补充孩子成长所需的营养。

第三节　关于晚餐的高频问题答疑

问题1：晚餐可以不吃主食吗？

不吃主食会导致糖类摄入不足，使人体得不到足够的糖类供能，增加蛋白质消耗，加重肾脏负担。

问题2：晚餐后可以立即睡觉吗？

中学生学习一天很累了，想吃完饭就睡觉，这是不可取的。因为刚吃完饭，胃内充满了食物，胃肠的消化吸收功能正处于活跃状态，这时睡觉就会影响胃肠吸收的功能，不利于食物的吸收。此外，入睡后人体的代谢能力就会降低，很容易导致食物中的能量转化为脂肪，导致肥胖。

问题3：晚餐应该是一天中最丰盛的一餐吗？

晚餐不宜吃得太丰盛了，应该少吃一点、清淡一点，可以多选择些低脂食物，如鱼肉、鸡肉、瘦肉等。晚餐的烹调方法也尽量选择蒸、煮、拌、炖的方式，这样吃不会给胃肠造成负担，且不会因为摄入能量过多导致发胖。

问题4：晚餐后可以马上学习吗？

由于饭后血液主要集中在消化器官，相对来说，大脑就会缺血，让人昏昏欲睡。加上晚餐后食物被消化，血糖浓度也会升高，会抑制大脑的兴奋度。在这样的状态下学习，无疑会给大脑增加负担。应该在晚餐半个小时后，让情绪放松下来，再开始学习，这样对中学生来说更健康。

问题5：晚餐后能马上洗澡吗？

进食晚餐后立即洗澡，会使人体皮肤血管扩张，本来流向胃肠道的血液被迫重新分布进入体表血液循环，使得帮助人体消化的血液量减少，妨碍食物的消化吸收。所以，晚餐后不宜马上洗澡。

问题6：晚餐只吃水果可以吗？

虽然水果富含维生素、矿物质等，但营养成分单一，缺少糖类、脂肪和蛋白质这三大人体基本营养素，长期晚餐只吃水果会导致人体营养素摄入不均衡，对健康不利。

第四节　晚餐也能快速搞定

快速烹饪小技巧

在做好充分准备的前提下，再掌握一些烹饪小技巧，就可以使做晚餐的速度更快一步。

1.包装好的净菜

一些超市的冷鲜柜里有各种切好、配好的菜，如黄瓜切片、辣椒切丝、鸡肉切丁、牛肉切粒等，有单独出售的，也有按照菜品比例配置好的，比如尖椒肉丝净菜就是将肉丝和尖椒丝组合包装在一起。这类菜买回家后能直接下锅炒，为那些既想自己亲手制作又想简单省事的人，和厨艺不太好并且总不知道自己该炒什么菜吃的人，提供了有利条件。买这些净菜的时候，一定要选购存放时间短的，尽量是当天切好的，以免营养流失过多，并且买回后要尽快烹饪。

2.腌制好的食材

很多超市里有腌制好、调好味的食材，比如黑椒牛柳、牛排等，买回家都无须加调味料，直接下锅烹熟就行，一般以肉类、鱼类为主。买这类菜品时，最好自己再加入一些青椒、木耳丝等蔬菜一起炒，以增加营养。吃黑椒牛排的时候，可搭配洋葱、青菜等食用。

提前焯烫

有些食材，如肉、菠菜等，在下锅之前可以先放入沸水中焯烫一下，时间约半分钟即可，这样不但可以使食物易熟，还可以去掉肉类的血腥味和菠菜中的草酸等。

巧用工具

1.滤油网

用这个小工具可以更方便地撇去浮沫。

2.打蛋器

用打蛋器打鸡蛋或搅拌其他液体不仅可以省时间，还可以省力气。

3.高压锅

一个简单的、具有基础功能的高压锅就能够满足普通家庭的厨房使用需求，用高压锅炖煮食物更快、更酥软。

4.料理机

一个料理机可以帮助做很多事情，如绞肉馅、榨汁等。

如果需要焯水的食材既有蔬菜又有肉类，那么就先焯蔬菜，后焯肉类；切菜时也是一样的顺序，先切蔬菜再肉类。

合理安排烹饪顺序，如先将需要炖煮的菜准备好，上锅炖煮，然后再准备需要炒的菜，而在炖煮的同时，可以将炒菜做好，不必完成一道菜再去做另一道菜。

厨房小家电不可少

1.面包机：“DIY”无添加剂的健康面包

回炉面包、各种添加剂和防腐剂，让很多人都不敢放心吃面包了。爱吃面包，又想确保健康怎么办？不如自己动手做吧！自己烤面包，每一口都充满爱的味道，还可以大人和孩子一起体验动手的快乐。如果有那么一点懒，工作日实在不想早起，那也可以选择在节假日的时候来享受这份乐趣。

用途不止那一点

面包机可根据设置的程序自动和面、发酵、烘烤成各种面包。很多面包机的功能都不是单一的，除了可烘烤面包外，还可以制作果酱、酸奶等。

2.豆浆机：家庭自制豆浆更健康

豆浆是传统早餐之一，可谓是经典中的经典，深受人们喜爱。或许就是因为豆浆如此的经典而又备受欢迎，所以豆浆机问世了，有了豆浆机帮忙，人们不再需要每天早早出门去买豆浆喝，而是可以自己在家自制，简单、快捷、方便，又安全、卫生。

用途不止那一点

豆浆机最方便的就是放入豆子后只管等喝就好了，所以在豆浆机做豆浆的20～30分钟我们可以去洗漱，等把自己打理好后豆浆也做好了，马上就能享用营养早餐。

3.微波炉：方便快捷

微波炉是靠微波的热效应烹调食物的，是一个研究雷达的工程师偶然发现的，或许谁也没预料到这个在战争中被发现的东西，竟然是居家必备之物。很多人为了快捷，会用微波炉加热食物、煮泡面、解冻食物等，而微波炉也不负众望，一直很完美地完成着自己的工作。

用途不止那一点

很多家庭购置微波炉是为了快捷地加热食物，不仅如此，微波炉还可以做烧烤及其他各种菜品等。

4.电饭煲：预约定时，自动完成

电饭煲几乎是每个家庭必备的厨房用具，是焖饭、煲粥的必杀利器，且因其独特的设计，做出来的饭较传统“捞”出来的米饭营养成分流失得更少。而且现在的电饭煲多数都具有预约定时功能，可以提前设置好，想几点吃就几点吃。

用途不止那一点

现在，随着科技的进步，电饭煲的功能已经不仅仅局限于煮饭、煮粥，还可以煲汤，甚至还能做菜。

5.电饼铛：煎、炒、烹、炸样样行

电饼铛可上、下两面同时加热、自动控温，使用起来很方便，可以做玉米饼、家常肉饼、荷包蛋等。早晨起来，用电饼铛给自己做一个荷包蛋，是一件省心省力的事情。

用途不止那一点

电饼铛并不是只能做饼，它的功能较多，烤牛排、炸梨片，甚至炒菜，样样拿手。此外，用电饼铛烤的东西，要比用炭火烤的更健康。

第五节　营养健康的夜宵单品

夜宵对于学习任务繁重的中学生来说十分必要。但夜宵吃什么，就很有讲究了。首先，夜宵要能够补充体力，保证学习任务的完成。其次，夜宵不能影响睡眠，甚至健康。最后是大多数父母都关心的一点，那就是不能引起孩子肥胖。下面，针对以上几点向父母推荐几款好吃又健康的夜宵单品。

1.粥

粥富含糖类，能够保证能量的供应，且水分多、易消化，适合作为夜宵食用。建议不要只吃大米粥，可以添加蔬菜、豆类、其他谷类等食物一起熬煮。如可加入助眠的小米、排毒的南瓜、增强饱腹感的黄豆等，这样可以使营养更全面。

2.全麦面包

夜宵吃面包是孩子不错的选择，但是并不是所有的面包都适合作夜宵，首选全麦面包和松软的黑面包。全麦面包和黑面包都具有高膳食纤维、低脂、低能量的特点，而在二者中又首推黑面包，因为全麦面包的口感稍差一些，黑面包不但口感好，还能够使肠道环境更适合益生菌生长。吃面包的时候，可以按照孩子的口味搭配蔬菜制作成三明治。

3.豆浆

豆浆营养丰富，所含的优质蛋白、矿物质、大豆卵磷脂、大豆异黄酮、膳食纤维等能够增加饱腹感、缓解饥饿，又不会造成能量过剩。可以多种豆类搭配制成豆浆后饮用，还可以加入坚果、全谷物粮食等，口感更好，营养更加全面。

另外，作为夜宵饮用的豆浆，建议不要给孩子加入绿豆、薏米、荷叶等食材，因为这些食材有利尿作用，会影响睡眠。

4.牛奶

夜间是孩子长个子的高峰期，这时候人体的吸收功能也不错。牛奶富含促进长高的各种钙、蛋白质和维生素等，每天晚上加餐一杯温热的牛奶，不仅能提高睡眠质量，而且有助于身高增长，青少年时期对钙的吸收最好，坚持每天晚上喝牛奶，会有意想不到的效果。有乳糖不耐受的孩子可以选择喝舒化奶或者不含乳糖的牛奶，另外酸奶也是不错的选择。但是也要注意牛奶不能喝得太晚，否则夜间排尿次数增加反倒影响睡眠了，再有一定要记得提醒孩子喝完牛奶之后刷牙。

5.水果

孩子晚上学习时，也可以吃些水果。水果中的水分、膳食纤维和维生素的含量丰富，能减轻饥饿感。如苹果富含膳食纤维和果胶，且能量低，清脆甘甜，如果感觉肚子饿了就吃上一个，在缓解饥饿的同时，还能提提神。但要注意的是，应尽量选择维生素和膳食纤维丰富的水果，如苹果、橙子、杨桃，而尽量避免高能量的水果，如香蕉、榴莲等。

第六章

中学生常见疾病、特殊时期和不良行为

第一节　糖尿病

现状

糖尿病的病因学分型主要有四种类型，即1型糖尿病、2型糖尿病、其他特殊类型糖尿病、妊娠期糖尿病。中学生患糖尿病主要以1型糖尿病为主，但近十余年来，2型糖尿病在中学生中的发病有逐渐增多的趋势。

1型糖尿病是由于自身免疫导致的胰岛B细胞功能破坏，胰岛素分泌绝对缺乏引起，主要以儿童和青少年发病居多，发病急，病情严重，呈糖尿病酮症酸中毒倾向，如不及时救治将危及生命。

2型糖尿病是由遗传因素和多种环境因素相互作用导致胰岛素抵抗和胰岛素分泌缺陷引起。虽然2型糖尿病具有家族聚集性，但与环境因素亦密切相关。随着社会环境和生活方式的改变，中学生肥胖患者逐年增多，2型糖尿病患者的数量也随之增多，由此可见，做好中学生2型糖尿病的防治尤为重要。

运动治疗

运动治疗是糖尿病患者一项重要的基础治疗措施，患者应适当地进行有规律的运动，根据年龄、性别、体力、病情及有无并发症等不同条件，循序渐进和长期坚持。对儿童和青少年糖尿病患者，特别是体重超重或肥胖的儿童和青少年2型糖尿病患者，适当运动有利于减轻体重，提高胰岛素敏感性，改善血糖和脂代谢紊乱，有利于糖尿病病情的控制。

运动的方式多种多样，但是要注意监测运动前后血糖水平，每次有效运动后，糖尿病患者的血糖应该明显降低，如一分钟快步走路120步，持续30～60分钟。另外打太极拳、打球、游泳、爬山、骑自行车等均可选择。要注意，每周应做有效运动3～5次。

饮食治疗

中学生糖尿病患者，千万不要过多食用高糖、高能量、高盐、高嘌呤食物，如“洋快餐”、油炸食物、含有咖啡因的饮料等。要进行合理的饮食治疗，这样有利于减轻体重，改善高血糖、脂代谢紊乱，以及维持降血糖药物最小有效剂量。此外，各种富含膳食纤维的食品可延缓食物吸收，降低餐后血糖高峰，有利于改善高血糖、脂代谢紊乱，并促进胃肠蠕动，防止便秘。食用绿叶蔬菜、豆类、块根类、粗谷物、含糖成分低的水果等，这些食物以植物性营养为主，有丰富的膳食纤维和维生素。三餐定时、定量，只吃7分饱，有助于血糖的控制，同时对患糖尿病的中学生的生长发育更有利。

预防发生

我国糖尿病发病率呈上升趋势，而随着人民生活水平的提高，生活环境的改变，糖尿病发病年龄越来越趋于年轻化，患糖尿病的中学生越来越多，危害人群的范围也在不断扩大。防治糖尿病应从中学生做起，主要做好两个预防环节，一是开展糖尿病健康教育，做好糖尿病知识的普及；二是家长要做好防控，对孩子的生活习惯进行科学指导，预防糖尿病发生。

第二节　神经性厌食

神经性厌食的定义和成因

神经性厌食指个体通过节食等手段，有意造成并维持体重明显低于正常标准的一种进食障碍，属于精神科领域中“与心理因素相关的生理障碍”一类。患者惧怕体重增加和肥胖，对体重和体形极度关注，盲目追求苗条，体重显著减轻，常有营养不良、代谢和内分泌紊乱，如女性出现闭经。患者严重时可因极度营养不良而出现恶病质状态，机体衰竭，从而危及生命。5%～15%的患者最后死于心脏并发症、多器官功能衰竭、继发感染、自杀等。

近年来，大量的媒体信息和营销策略营造出节食减肥能促进成功这样的氛围，青少年女孩尤其容易受到影响，认为苗条的女性比胖的女性更具有吸引力、更成功。另外人际关系紧张，学习、生活遭受挫折，压力过大，新环境适应不良，家庭不和睦，家庭成员发生意外、重病或死亡，以及自身的意外事件导致精神抑制、情绪压抑也与神经性厌食有关。一些青少年平时有偏食、挑食、好吃零食等不良饮食习惯，父母过度关注子女饮食，反复唠叨，强迫进食，反而降低了青少年摄食中枢的兴奋性，进而发展为神经性厌食。

心理纠正和营养治疗

治疗神经性厌食除了用药物外，还要从心理层面进行纠正。需要让患者了解疾病的性质，认识到科学、合理的饮食对身体发育和健康的重要性。鼓励患者主动、积极参与治疗，培养患者的自信心和自立感，使其在治疗计划中担负起个人责任，矫正自身饮食行为，最终战胜疾病。

营养治疗的首要目的是使患者恢复正常的体重。饮食的摄入应从小量开始，随着生理功能的适应和恢复，有计划、有步骤地增加。初始阶段给予易消化、无刺激性的食物，根据不同的病情也可选用流质、半流质或软食等。保证给予患者足够的能量、蛋白质、维生素和无机盐摄入，促使其生理功能恢复，体重逐渐增加，恢复其正常的体重水平。

第三节　变声期

什么是变声期?

变声期指14～16岁的青少年因为喉头、声带增长而伴随的声音不自然、音域狭窄、发音疲劳、局部充血水肿、分泌物增多，从而导致说话、唱歌时的声音与儿童时代不同并持续半年至一年的时期。变声期可分为变声初期、变声期和变声后期。

中学生变声期的饮食原则

1.应摄入B族维生素和钙

维生素B_2、维生素B_6能帮助成长发育，改善内分泌；钙可以促进甲状软骨的发育。富含B族维生素的食物主要有芹菜、番茄、蛋类、豆类、动物肝脏及新鲜水果等；富含钙的食物主要有鱼虾、牛奶、豆制品等。

2.以软质、精细食物为宜

尽量避免吃爆米花、锅巴、坚果类及油炸类硬且干燥的食物，以免对喉咙造成机械性损伤。主食及副食都应以软质、精细食物为宜。

3.适量多饮水

适量多饮水可减少或清除局部分泌物，避免继发感染。

4.避免刺激性饮食，忌烟酒

少吃大蒜、辣椒、生姜、韭菜等，因这些食物会刺激气管、喉头与声带。不要喝太烫的开水或太多冷饮，过冷或过热对声带发育都不利。更应忌烟酒，以防加重局部无菌性炎症。

5.进食时宜细嚼慢咽

切忌快速进食，谨防食物中的砂粒、鱼骨刺伤咽喉部的组织。

变声期注意事项

在变声期，中学生会出现生理性的喉黏膜肿胀、声带充血，时有水肿、附有分泌物、声带后半部分闭合不全等现象，发声器官容易疲劳受损。所以，要特别注意变声期对嗓子的保护。如果没有专业教师的指导，这时盲目练声很容易对发声器官造成损害。特别是在睡眠不足或休息不够的情况下，滥用嗓子就会出现发声器官和声音上的反应，如不同程度的声音沙哑，甚至失声。滥用嗓子可出现运动过度性黏膜充血、水肿，甚至黏膜下出血，发声功能失调性声门闭合不良和精神心理方面的疲劳，这种损伤如得不到及时的治疗，可造成声带肥厚和声带息肉等病变。某些刺激性食物对声带黏膜损害较大，它会使嗓子发干、微血管充血、声带肥厚。在变声期，还要加强营养补给，注意起居防寒保暖和咽喉卫生，不吃燥热性、刺激性食物，节制用嗓，以利于嗓子的保护。

第四节　烟酒成瘾

中学生对未知事物比较好奇，所以经常会尝试一些自己没有接触过的事物，比如烟酒。中学生这个时候还没有形成正确的认知，而且中学生的自控力也比成年人差，因此烟酒对他们来说可能有很强的吸引力。但过早接触烟酒对身体危害很大。

经常吸烟对中学生的危害

1.影响肺部发育

经常吸烟会严重影响肺部的发育。因为烟里面有大量的有害物质，比如尼古丁，吸烟后，这些物质大多会残留在肺部，肺部很难进行自净，这些有害物质要代谢很多年才能够完全干净。所以，中学生经常吸烟会影响到肺部发育，甚至会导致肺部发育障碍，引起哮喘等。

2.影响认知能力

经常吸烟除了影响肺部之外，也会影响到大脑。因为烟草中的尼古丁可以起到麻痹神经的作用，中学生的神经如果长期被这些物质所麻痹，那么认知能力就会明显减退，学习能力也会减弱，甚至有一些中学生的智力也会受到影响。

3.诱发肺部疾病

经常吸烟很容易诱发多种肺部疾病，比如急性和慢性支气管炎症等。这些肺部疾病都很难根治，一旦出现，就可能得长期用药治疗。

4.破坏免疫力

经常吸烟会破坏中学生身体的免疫系统，

使其免疫力低下，可能导致中学生经常生病。

经常饮酒对中学生的危害

1.影响生长发育

中学生处于生长发育关键时期，各个器官组织的发育尚未成熟，而经常饮酒对正常的生理功能及发育会产生严重不良影响，如酒精会使生殖器官的正常机能衰退，如果经常饮酒，会使性成熟年龄推迟2～3岁。

2.影响胃肠健康

中学生的食管黏膜脆弱，管壁浅薄，经不住酒精的刺激，经常饮酒可引起炎症或黏膜细胞发生突变；同样胃黏膜也比较脆弱，酒精的长期刺激可影响胃酸和胃酶的分泌，使胃壁血管充血而导致胃炎或胃溃疡。

3.影响肝功能

酒精进入人体后，要靠肝脏来代谢，而中学生的肝脏分化尚不完全，肝组织还比较脆弱，经常饮酒会给幼嫩的肝脏带来较大的负担，可能会破坏肝的功能，甚至引起肝大。

4.影响神经系统发育

青少年的神经系统发育尚不健全，经常饮酒对大脑发育是很不利的。大量饮酒容易引起酒精中毒，最先受伤害的就是大脑，长期大量饮酒会导致记忆力和理解能力减退。酒精中毒严重的还会出现休克，如未及时抢救，会因呼吸衰竭而死亡。

5.导致免疫力低下

中学生经常饮酒还容易导致免疫力低下，因为酒精会损害免疫细胞，破坏肠道益生菌，从而使人体抵御疾病的能力降低。

第七章 科学合理的中学生早晚餐

第一节　提高免疫力，均衡营养来助力

全面均衡地摄入营养

健全的免疫系统能抵抗致病微生物，让孩子远离疾病。孩子的免疫力除受遗传因素的影响外，还受饮食的影响，因为有些食物的成分能够增强免疫力。这就要求全面均衡地摄入营养，人体缺少任何一种营养素都会出现这样或那样的症状或疾病，所以，营养均衡才能保证孩子的免疫力。

要重视三餐

长期不吃早餐或早餐吃不好，会使免疫力降低；午餐起到承上启下的作用，午餐吃得好，孩子下午才能精力充沛，才能有高的学习效率；晚上人体几乎没有活动量，食物不易消化吸收，晚餐不宜吃得过饱、过晚。晚餐长期吃得过饱、过晚会影响身体素质，甚至引起肥胖。

此外，还应该常吃新鲜蔬菜水果，保证摄入充足的水分，少吃甜食和油炸、熏烤食物，让孩子做到不偏食、不挑食。

抗体——蛋白质

人体免疫力的强弱，与能够抵抗疾病的抗体的多少有关，而抗体的本质就是蛋白质。当人体缺乏蛋白质时，抗体合成减少，进而使免疫力下降，还会使孩子生长发育迟缓。在给孩子补充蛋白质的时候，优质蛋白应该占总量的50%以上，肉、蛋、奶制品、大豆制品都是优质蛋白的重要来源，这些食物中所含的蛋白质的氨基酸比例与人体的蛋白质相似，更易被人体吸收。

大豆是优质蛋白的绝好来源

大豆蛋白就是大豆中所含的蛋白质，是一种植物蛋白，备受营养学家推崇。大豆中的蛋白质含量高达35%，而且大豆蛋白中不含胆固醇，是很多动物蛋白不可比拟的，因此大豆被誉为“植物蛋白之王”，非常适合孩子补充蛋白质食用。

大豆蛋白中的赖氨酸含量较多，氨基酸种类较好，具有较高的营养价值，属于优质蛋白。大豆与谷类食物一起吃，能更好地补充中学生生长发育所需氨基酸。

适当补充锌、硒

锌是生长发育的必需物质，常被誉为“生命的火花”，人体的生长和发育都离不开它。锌能维持细胞膜的稳定和免疫系统的完整性，提高人体免疫功能。中学生生长发育迅速，特别是肌肉组织的迅速增加以及性成熟使中学生对锌的需求量增多，肉类、海产品、蛋类等都是锌的良好来源。

硒能提高人体的免疫功能，增强对疾病的抵抗能力，并有调节甲状腺激素的功能，可适量多吃肉类、海产品、小麦胚芽、洋葱、番茄、西蓝花等以补硒。

可以提高免疫力的重要维生素

具体见表7–1。

表7–1　免疫力相关重要维生素作用及食物来源

维生素	作用	食物来源
维生素A	参与人体免疫系统成熟的全过程，能够改善细胞膜的稳定性，维持黏膜屏障的完整性	动物肝脏、海产品、蛋类、牛奶
维生素B_5	作用于上皮组织，提高免疫力，参与糖、脂肪、蛋白质等多种营养物质代谢	牛肝、鸡蛋、牛奶、香菇、菠菜
维生素B_6	参与氨基酸、糖、脂类代谢，调控基因的表达、血红蛋白的合成及功能	鸡蛋、鱼类、豆类、核桃、花生
维生素C	增强吞噬细胞的吞噬作用，促进淋巴细胞的分化与增殖，提高自然杀伤细胞的活性，从而提高对靶细胞的识别和杀伤能力，减轻过敏、炎症等症状	新鲜水果、蔬菜

早餐小推荐

推荐套餐一：蛋炒饭+西蓝花炒虾仁+小麦核桃豆浆+猕猴桃

用丰盛的早餐增强孩子的免疫力其实很简单。鸡蛋、大米、西蓝花、虾仁、小麦仁、核桃、黄豆等一起食用，种类多样，营养丰富，可以增强孩子身体的免疫力，减少疾病的困扰；猕猴桃还可以补充身体所需的维生素C。这份套餐能够让孩子全身心投入学习，没有后顾之忧。

提前准备：清洗黄豆，将黄豆和小麦仁放入豆浆机中，加适量清水，浸泡一夜。清洗西蓝花，准备虾仁。

快速早餐：先将黄豆、小麦仁、核桃放入豆浆机中做豆浆，然后可以做蛋炒饭、西蓝花炒虾仁，做好这两样后，豆浆也差不多做好了。这样，丰富的早餐就能及时摆在孩子的面前。

蛋炒饭

材料：鸡蛋2个，米饭150克，胡萝卜50克，洋葱30克，盐、香油各适量。

做法：①将1个鸡蛋磕入碗中，加少许清水和盐拌匀；另一个鸡蛋直接磕到米饭里，搅拌均匀；胡萝卜切丁，洋葱切丁。②锅内倒油烧热，淋入蛋液，待其凝固，划碎，装盘。③锅留底油，放入拌好鸡蛋的米饭翻炒，待米饭松软后，加入胡萝卜丁、洋葱丁。④胡萝卜丁、洋葱丁差不多熟了时加入拌匀的鸡蛋、盐和香油调味即可。

西蓝花炒虾仁

材料：新鲜虾仁100克，西蓝花250克，蒜末、料酒、盐各适量。

做法：①西蓝花掰小朵；把虾仁焯烫一下，过冷水，捞出，沥干水分。②锅置火上，倒油烧热，爆香蒜末，放入西蓝花和虾仁，翻炒均匀，放入料酒和盐调味即可。

还可以吃什么？

推荐套餐二：香芋饭+酱焖豆腐+水煮蛋+鲜橙汁

推荐套餐三：生滚鱼片粥+洋葱木耳+花卷+柚子

推荐套餐四：豆沙包+花生米拌芹菜+五谷豆浆+香瓜

外带10点加餐：酸奶

外带15点加餐：坚果

晚餐小推荐

推荐套餐一：香菇疙瘩汤+豆角烧茄子+回锅胡萝卜+蒸玉米

孩子学习一天了，吃一顿家长精心烹饪的晚餐，既能给孩子补充营养，还能提高免疫力，这是一件多么幸福的事情呀！

提前准备：清洗食材，沥干水分放到冰箱保鲜。

快速晚餐：色香味俱全的晚餐快速搞定不再难。蒸玉米的时候可以同步做香菇疙瘩汤和回锅胡萝卜，顺便再来个豆角烧茄子，这样主食、菜肴基本可以同时端上饭桌，而且颜色鲜亮、味道鲜美，相信辛苦学习一天的孩子会非常喜欢的哦！

香菇疙瘩汤

材料：面粉75克，香菇50克，鸡蛋1个，虾仁、菠菜各50克，盐3克，高汤500毫升，香油适量。

做法：①虾仁洗净切碎；把面粉加适量清水搅打成面疙瘩；菠菜洗净，焯水，切段；鸡蛋打散；香菇切丁。②锅中放高汤、虾仁碎、面疙瘩煮熟，加盐、香菇丁、菠菜段煮熟，蛋液淋在汤里，顺时针慢慢搅拌就能得到漂亮的蛋花了，最后淋上香油即可。

回锅胡萝卜

材料：胡萝卜200克，青蒜5克，辣豆瓣酱20克，葱末、姜末、盐各3克。

做法：①胡萝卜洗净，切块，蒸熟备用；青蒜洗净，切段。②锅内倒油烧热，下葱末、姜末和辣豆瓣酱爆香。③倒入胡萝卜块翻炒，加盐和青蒜段，继续翻炒1分钟即可。

还可以吃什么？

推荐套餐二：虾仁蔬菜荞麦面+木耳炒黄瓜+清蒸鱼

推荐套餐三：麻酱花卷+葱爆牛肉+蒜蓉娃娃菜+鲫鱼萝卜丝汤

推荐套餐四：扬州炒饭+番茄炒鸡蛋+黄瓜鸡丁+鱼丸翡翠汤

第二节　补铁补血精神好

青春期补铁势在必行

铁是血红蛋白的组成成分，而青春期的孩子容易患缺铁性贫血，常常表现为全身乏力、精神不济，甚至还有记忆力下降、健忘等症状。青春期的女孩，由于其生理特点，每月会有大量的铁流失；青春期的男孩比女孩会增长更多的肌肉，而肌红蛋白和血红蛋白需要铁来合成。所以，为了防止出现缺铁现象，日常饮食应注意补铁。

预防青春期贫血，应以食补为主

食物中的铁分为血红素铁和非血红素铁，吸收率有所不同。血红素铁主要来自动物性食物，吸收率受膳食因素影响较小，生物利用率高，有效吸收率为15%～35%。非血红素铁主要存在于植物性食物中，吸收率受膳食因素影响较大，有效吸收率仅为2%～20%。

重视饮食营养的合理调配，食品多样化。对于有贫血表现的孩子，要给他们适当多吃些瘦肉、猪肝、猪肾、猪血、鸡血，因这些食物含血红素铁较多；还要吃些鱼虾、香菇、紫菜、红枣、核桃、苹果、橘子和新鲜的绿叶蔬菜，可使贫血现象得以改善。建议首选动物性食物，因为动物性食物所含的铁比植物性食物中的铁更易吸收。

一般情况下无须给孩子吃补铁剂。因为补铁剂吃得太多，可能会引起剧烈呕吐、腹泻，出现脱水、酸中毒，重者甚至可致心肌损害，反而有害健康。即使孩子有贫血症状，也应去医院检查，明确诊断后，在医生的指导下对症治疗。

青春期缺铁性贫血的补铁方法

在补铁的同时，还要补充维生素C、叶酸等，可以促进身体对铁的吸收。

要选择正确的处理食物的方式，如淘米次数不可过多，煮粥不要放碱，新鲜蔬菜要现买现做、大火快炒等。烹调食物时，应该把饭菜做软、做烂，以利于消化，减轻贫血孩子的胃肠负担。

推荐套餐一：皮蛋瘦肉粥+煎饼卷酱肉+花生拌菠菜+葡萄

青春期的孩子很容易出现贫血的情况，进而影响学习，所以一顿能补铁补血的早餐十分重要。这套早餐含有补铁的瘦肉，还有富含维生素C的蔬菜、水果帮助铁被更好地吸收，丰盛的补铁早餐可以让孩子全身心地投入到学习中。

提前准备：将皮蛋、瘦肉、大米一起放入电饭煲中，倒入足量的水，选择预约定时功能煮粥。

快速早餐：皮蛋瘦肉粥可以利用电饭煲的预约定时功能提前做好，煎饼卷酱肉的面浆和酱料可以前一天做好放在冰箱中冷藏，酱肉可以提前卤好或者买成品，这样就大大缩短了早上做早餐的时间。

皮蛋瘦肉粥

材料：大米150克，皮蛋1个，里脊肉50克，葱花、姜丝、盐、胡椒粉各适量。

做法：①大米淘洗干净；皮蛋去壳、切丁；里脊肉放入沸水锅中焯烫，洗净，切丁。②所有食材放到电饭煲里煮熟，等到粥黏稠时加葱花、姜丝、盐、胡椒粉，就可以出锅了。

花生拌菠菜

材料：菠菜250克，煮熟的花生仁50克，姜末、蒜末、盐、醋各2克，香油少许。

做法：①菠菜洗净，炒熟捞出，晾凉，切段。②将菠菜段、花生仁、姜末、蒜末、盐、醋、香油拌匀即可。

还可以吃什么？

推荐套餐二：鸡丝苋菜粥+香菇油菜+蒸玉米段+香蕉

推荐套餐三：火腿蔬菜蛋包饭+蒜蓉空心菜+卤鸡肝+猕猴桃

推荐套餐四：猪肉茴香蒸包+酥炸鲜香菇+桂圆红枣豆浆+橘子

外带10点加餐：酸奶、开心果

外带15点加餐：猕猴桃

晚餐小推荐

推荐套餐一：番茄鸡蛋打卤面+盐水虾+蒜蓉苦瓜+橘子

如果孩子出现贫血的情况，家长可以在晚上为孩子做一桌丰盛的补铁补血佳肴，可以加入鸡蛋、虾、苦瓜等，既营养又能补铁补血，一举两得。

提前准备：清洗食材，沥干水分。

快速晚餐：先处理番茄、鸡蛋，然后做卤，同时可以处理虾，然后煮面。接着烧煮盐水虾的水，同时可以处理苦瓜、蒜蓉、红椒。最后煮盐水虾，做蒜蓉苦瓜，这样一桌丰盛的晚餐就为孩子准备好了。

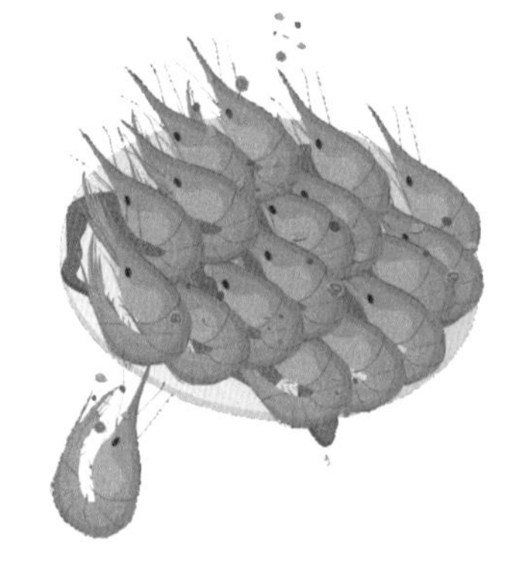

盐水虾

材料：虾250克，葱段、姜片各5克，料酒10克，花椒2克，大料1个，盐2克。

做法：①鲜虾洗净，剪掉虾枪、须，去掉虾线。②锅置火上，倒入清水，放葱段、姜片、料酒、花椒、大料烧沸。③将虾倒入锅内，煮2分钟后加盐，再煮1分钟关火，焖15分钟左右即可。

蒜蓉苦瓜

材料：苦瓜250克，大蒜15克，红椒25克，盐2克。

做法：①苦瓜洗净，切开，去瓤，切片，放盐水中浸泡5分钟。②大蒜去皮，冲洗，剁成蓉；红椒洗净，去蒂及籽，切片。③锅内倒油烧热，爆香蒜蓉，倒苦瓜炒熟，加盐、红椒片炒匀即可。

还可以吃什么?

推荐套餐二：酱焖牛肉+平菇菜心+鲫鱼萝卜汤+紫薯饭

推荐套餐三：核桃拌菠菜+韭菜炒猪血+番茄蛋花汤+玉米面窝窝头

推荐套餐四：凉拌海蜇丝+咖喱鸡块+鸡蛋炒木耳+红豆粥

第三节　钙+维生素D+磷+氟

保证钙的充足摄入

钙是骨质生成的必需材料，是人体中含量最多的无机元素，孩子骨骼、牙齿的健康与钙密切相关。青少年骨骼生长迅速，这一时期骨量的增加量占成年期的45%左右。青少年期的钙营养状况决定成年后的峰值骨量，每天钙摄入量高的青少年的骨量和骨密度均高于钙摄入量低者，进入老年期后骨质疏松性骨折的发病危险性降低。因此，11～13岁的青少年钙的推荐摄入量为1 200毫克/天，14～17岁的青少年为1 000毫克/天。

补钙的最佳食物

中学生在日常饮食中，补钙和预防缺钙可以每天喝一杯牛奶。另外，鸡蛋、豆制品、海产品、动物骨头当中也富含钙。补钙的同时要少吃含草酸的食物，如菠菜，否则草酸与钙结合成草酸钙，不利于钙的吸收（通过焯烫的方式可以去掉一部分草酸）。其他含钙丰富的食物见表7–2。

表7–2　其他含钙丰富的食物

推荐食物（每100克可食部分）	含量/毫克
虾皮	991
苜蓿	713
黑木耳	247
虾米	555
荠菜	294

补钙的同时要补维生素D

适当补充维生素D能促进钙的吸收。如果缺乏维生素D，小肠对钙的吸收率真就只有10%左右。维生素D很大一部分来源于人体自身皮肤的合成。在维生素D合成过程中阳光中的紫外线起到了很大的作用。因此中学生每天应在阳光不太强烈时晒晒太阳，以助身体合成维生素D。

想要牙齿健康还得补磷和氟

磷与钙一样，也是牙齿的主要成分之一，是保持牙齿坚固不可缺少的营养素。磷在食物中分布很广，大多禽畜肉、鱼、奶、豆类、谷类以及蔬菜中均含有丰富的磷。

氟是维持牙齿健康的重要元素。氟能与牙质中的钙、磷化合物形成不易溶解的氟磷灰石，从而防止细菌所产生的酸对牙质的侵蚀。此外，氟还能通过抑制细菌中的酶而阻碍细菌的生长，也能减少细菌对牙质的损害。海鱼、茶、蜂蜜中含有丰富的氟，中学生可适量多食以补氟。

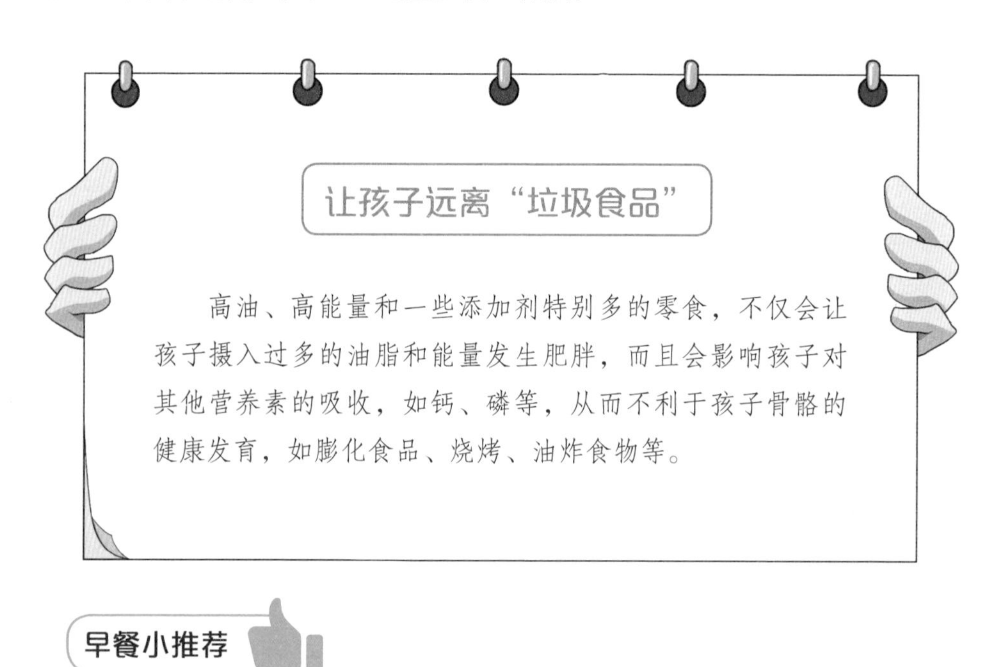

早餐小推荐

推荐套餐一：蔬菜蛋饼三明治+黑椒虾+果仁面茶+无糖酸奶

中学生正处在长个子的关键时期，学习任务又繁重，家长可以多给孩子做些可以强壮骨骼的早餐，多选用可以补充钙的食材，这样既可以为孩子长身体提供能量，还能为孩子长个子添“骨力”！

提前准备：清洗食材，洗净大虾，提前买好列糖酸奶，放入冰箱冷藏。

快速早餐：可以提前多炒好一些面茶，要吃的时候可以直接冲。依次做虾、三明治和面茶。

黑椒虾

材料：大虾100克，盐2克，黑胡椒5克，食用油适量。

做法：①锅置火上，倒入适量植物油，烧至六成热。②将大虾放入锅内，撒上盐、黑胡椒，煎2分钟；翻面，再撒上一些盐、黑胡椒，煎1分钟即可。

果仁面茶

材料：熟面粉150克，熟核桃仁碎、熟花生仁碎各30克，熟黑芝麻碎50克，白糖适量。

做法：①锅内倒少量油烧热，炒匀面粉。②将熟核桃仁碎、熟花生仁碎、熟黑芝麻碎倒入锅中，小火炒匀关火。③晾凉后，取适量用开水冲调即可，可按个人口味加适量白糖。

还可以吃什么？

推荐套餐二：虾仁蒸蛋+油饼+凉拌紫甘蓝+香蕉

推荐套餐三：黑豆豆浆+芝麻烧饼+蒜拌菠菜+鹌鹑蛋

推荐套餐四：虾皮紫菜蛋花汤+酱肉包子+木耳洋葱+猕猴桃

外带10点加餐：开心果

外带15点加餐：牛奶

晚餐小推荐

推荐套餐一：土豆鸡蓉菠菜饼+豆角炒茭白+煎酿豆腐+海米冬瓜汤

钙是孩子成长必不可少的营养素，强壮骨骼的食物是每餐的必需。鸡肉、豆腐、海米等食材能为孩子强壮骨骼提供充足的营养素，能保证孩子日常的营

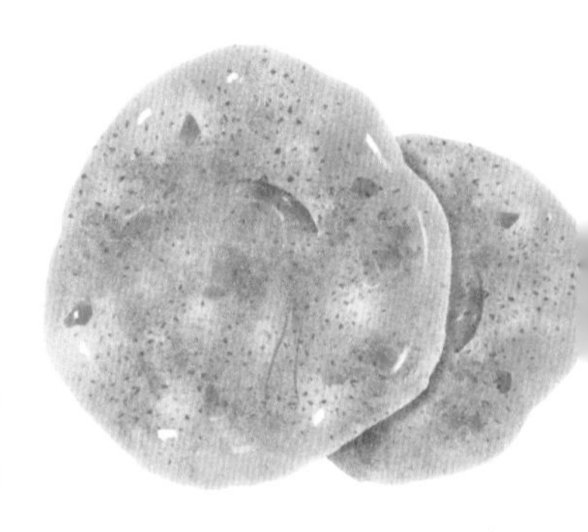

养需要，保障孩子健康成长。

提前准备：清洗食材，沥干水分，放入冰箱冷藏。

快速晚餐：先把土豆蒸上锅，然后将豆腐切小块，用淡盐水浸泡10分钟，接着清洗食材，分别焯烫一下备用，依次做豆角炒茭白、煎酿豆腐、土豆鸡蓉菠菜饼和海米冬瓜汤。

豆角炒茭白

材料：豆角150克，茭白80克，蒜片5克，辣椒段3克，盐2克。

做法：①豆角去筋，切段，沸水焯烫一下；茭白去皮，切段，沸水中焯烫一下。②锅内倒油烧热，爆香蒜片和辣椒段，放入豆角段和茭白段翻炒至熟，放入盐调味即可出锅。

煎酿豆腐

材料：豆腐200克，猪肉50克，鲜香菇20克，虾仁20克，葱花、姜末、蒜末、生抽、盐、白糖、水淀粉各适量。

做法：①虾仁洗净剁成蓉，鲜香菇切碎，猪肉剁成肉末，豆腐切成长方形，中间挖空，白糖加适量水调成白糖水。②把虾蓉、猪肉末、鲜香菇碎放大碗中，加入葱花、姜末、蒜末、生抽、盐，搅拌成肉馅。③把肉馅填装到豆腐中。④锅中倒少量油，油热后下豆腐，肉馅面向下，煎至金黄再翻面煎。⑤豆腐两面呈金黄后，锅中加生抽、白糖水，小火炖煮2分钟，取出豆腐装盘。⑥锅中剩余汤汁加水淀粉勾芡，收汁，淋在豆腐上，撒上少许葱花就可以了。

还可以吃什么？

推荐套餐二：冬瓜小肉丸+蒜蓉空心菜+刀切馒头+蒸玉米

推荐套餐三：黄瓜炒虾仁+素炒西蓝花+葱花饼+蒸山药

推荐套餐四：酸辣海带丝+丝瓜炒肉+南瓜花卷+蒸土豆

第四节　让孩子头发黑亮

合理搭配饮食，保证营养供给

鸡蛋、瘦肉、大豆、花生、核桃、黑芝麻中除含有大量蛋白质外，还含有构成头发的胱氨酸及半胱氨酸，它们是养发护发的佳品。应注意调配饮食，改善孩子身体的营养状态。

多吃富含蛋白质和维生素的食物

蛋白质可以促进孩子头发生长，可以多吃豆类、蛋类等；富含B族维生素和维生素C的食物可以使孩子的头发呈现自然的光泽，同时有利于头发的生长。

能乌发护发的营养素

铁和铜：铁能帮助防止脱发，铜参与黑色素生成，并能维护毛发正常结构。含铁多的食物有动物肝脏、瘦肉、木耳、海带、芝麻酱等。含铜多的食物有动物肝脏、虾蟹类、坚果和豆类等。

维生素 A：能维持上皮组织的正常功能和结构，促进头发的生长。富含维生素A的食物有动物肝脏、胡萝卜、菠菜、芒果、鱼、虾类等。

维生素B_1、维生素B_2、维生素B_6：这些B族维生素如果缺乏，会造成头发发黄发灰。富含这些B族维生素的食物有谷类、豆类、坚果、动物肝脏、奶类、蛋类和绿叶蔬菜等。

酪氨酸：是头发黑色素形成的基础，如果缺乏，会造成头发发黄。富含酪氨酸的食物有鸡肉、瘦牛肉、瘦猪肉、兔肉、鱼及坚果等。

忌吃含糖量高的食物

糕点、碳酸饮料、冰淇淋等含糖量高的食物摄入太多会影响头发生长，导致头发卷曲或变白，出现头皮屑增多、掉发、断发等现象。所以中学生要尽量少吃这些食物。

早餐小推荐

推荐套餐一：虾肉水饺+青椒拌木耳+酸奶

青春期的孩子学习任务繁重，容易出现营养不良的情况，也会导致头发缺乏营养，失去光泽，这时父母可以多为孩子准备一些滋润头发的早餐。

提前准备：清洗食材，放入冰箱冷藏，大虾清洗干净，去壳。

快速早餐：饺子可以提前包好放到冰箱中冷藏，可以随时吃随时煮。木耳前一天晚上提前泡发。

虾肉水饺

材料：面粉250克，五花肉100克，冬笋末70克，虾仁50克，盐2克，食用油5克，生抽、胡椒粉、葱花适量。

做法：①面粉加适量清水，和成软硬适中的面团，放置一旁备用，或买现成的饺子皮。②清洗食材，五花肉切末，虾仁切小块。③五花肉末放到大碗中，加入生抽、盐、胡椒粉、葱花、食用油和少量清水，顺时针搅拌上劲，再放入冬笋末和虾仁块，搅

拌均匀。④面团搓成长条，分成小剂子，擀成饺子皮，包成饺子。⑤水开煮熟饺子即可。可以一次多包一些，放到冰箱中冷藏，方便下次吃。

青椒拌木耳

材料：水发木耳200克，胡萝卜丝100克，青椒丝80克，葱丝、姜丝各5克，盐3克，醋适量。

做法：①泡发的木耳去蒂洗净，撕成小朵。②开水焯烫木耳，放到大碗备用，把胡萝卜丝和青椒丝一起放到大碗中。③另起锅倒油烧热，爆香葱丝、姜丝，浇到大碗中，加入盐和醋拌匀即可。

还可以吃什么?

推荐套餐二：花生芝麻黑豆豆浆+玉米面发糕+凉拌芹菜叶+酸奶

推荐套餐三：芝麻栗子糊+猪肉馅包子+凉拌黄瓜+苹果

推荐套餐四：红豆粥+馒头片+凉拌白菜心+水煮蛋

外带10点加餐：木瓜

外带15点加餐：核桃

晚餐小推荐

推荐套餐一：鸡丝凉面+油菜蒸蛋+平菇肉丝+海带豆腐汤

孩子进入中学之后，每天都忙于学习，学习压力大，需要大量的营养，如果给孩子的营养供给不足，就会影响孩子的学习，还会使孩子的头发缺乏营养，所以父母应该多为孩子准备一些能够乌发护发的晚餐。

提前准备：清洗蔬菜，沥干水分，海带提前泡发。

快速晚餐：先将鸡蛋蒸上，同时处理食材，鸡蛋蒸好后煮鸡胸肉和面条、焯烫豆芽等。煮海带豆腐汤的同时拌好凉面，豆腐汤煮好再炒一个平菇肉丝就可以开饭了。

油菜蛋羹

材料：鸡蛋1个，油菜叶50克，猪瘦肉20克，盐2克，葱末3克，香油少许。

做法：①油菜叶、猪瘦肉分别洗净切碎。②鸡蛋打散，加入油菜碎、猪肉末、盐、葱末和适量凉开水，搅拌均匀。③将混合蛋液放入开水蒸锅中，中火蒸8分钟，淋香油即可。

海带豆腐汤

材料：豆腐200克，海带结50克，葱段、姜片、香菜末各5克，盐2克，香油、鸡精各适量。

做法：①海带结泡发、洗净；豆腐洗净，切块。②锅内倒油烧热，放入豆腐块，转小火，煎成金黄色。③加适量水，放海带结、姜片和葱段大火煮开，转小火再煮15分钟，放入盐、鸡精和香菜末，淋上香油即可。

还可以吃什么?

推荐套餐二：木瓜饭+肉炒芦笋+清炒豆芽+南瓜玉米浓汤

推荐套餐三：菠萝鸡饭+肉丝炒胡萝卜+香辣海带丝+鸡蓉豆花汤

推荐套餐四：麻酱花卷+番茄巴沙鱼+家常菜花+木瓜排骨粥

第五节　个子高高骨骼壮

供给充足的蛋白质

蛋白质是中学生生长发育的最佳“建筑材料”，此时中学生的能量、蛋白质均处于正平衡状态，对能量、蛋白质的需要量与生长发育速率成正比，蛋白质的推荐摄入量男、女分别为60～75克/天和55～60克/天。不仅要保证摄入蛋白质的数量，还要讲究质量。

动物性食品，如鱼、肉、蛋、奶类所含人体必需的氨基酸齐全，营养价值高，应保证供给量。大豆的蛋白质也很优良，也应给孩子适量多吃豆类制品。还要注意饮食的科学搭配，如豆类、花生、蔬菜与动物性食物的搭配，可进一步丰富摄取的蛋白质，又可增加人体对维生素和矿物质的吸收。

供给丰富的钙

中学生骨骼生长迅速，这一时期骨量的增加量占成年期的45%左右。青春期的钙营养状况决定成年后的峰值骨量，每天钙摄入量高的青少年的骨量和骨密度均高于钙摄入量低者，进入老年期后骨质疏松性骨折的发病危险性降低。因此，11～13岁钙的推荐摄入量为1 200毫克/天，14～17岁为1 000毫克/天。

如果食物中钙的供给不足，就容易影响孩子长个子。所以，饮食中要注意供给含钙丰富的食物，如奶及奶制品、豆类及其制品、芝麻酱、海带、虾皮、葵花子及深色蔬菜等。此外，提倡孩子多到户外活动，多晒太阳，有助于人体对钙的吸收。

坚果含丰富的钙，中学生适量食用，既可以补钙，促进生长，还能健脑益智。

好好吃早餐

早餐要吃饱吃好，孩子如果不吃早餐或摄入量不足，身体为了供给上课用脑及体力活动所需的能量就可能动用体内储备的蛋白质，这就好比釜底抽薪。长此下去，孩子就会因缺乏蛋白质影响生长发育。

少吃糖等甜食和减少草酸的摄入

糖吃多了易影响孩子的食欲。进食量减少，势必影响对其他营养素的吸收。此外，茭白、竹笋、青蒜、菠菜等含草酸多的食物，能与食物中的钙结合成难溶的草酸钙，使食物中的钙不能被人体吸收利用。因此，吃这些食物的时候要注意采用合理的烹调方法，以减少草酸的摄入。

合理运动是中学生长个子的推动剂

合理的运动可以加速全身血液循环，改善肌肉和骨骼的发育，加速骨细胞的增殖，促进骨骼生长。更重要的是它可以刺激脑垂体分泌生长激素，有利于孩子长高。但需注意的是，并非所有的运动都有利于长高。一般来说，能够增进食欲、促进睡眠，给肢体带来一定冲击力的运动对长高有益，比如慢跑、跳高、跳远、跳绳、打篮球、打排球等。

充足的睡眠不要忘

睡眠对孩子的生长发育作用重大。生长激素是影响孩子身高最重要的一种激素，而这种激素在睡眠时分泌量最多，尤其是深睡眠时，因此保持高质量的睡眠非常重要。现在的孩子如果因为看电视、打游戏，或者因为学习、考试而长期睡眠不足，生长激素的分泌就会减少，尤其是在生长发育的关键期，身高自然会受影响。

早餐小推荐

推荐套餐一：银鱼蛋饼+鲜蘑炒豌豆+杏仁豆浆+橘子

青春期的孩子，不仅要努力学习，还要通过及时补充营养长高个，这时就需要家长们为孩子准备一些能帮助孩子长高个的早餐哦！

提前准备：提前浸泡黄豆。

快速早餐：先将杏仁和黄豆放到豆浆机中打豆浆，再把鸡蛋打散，与牛奶、面粉、小葱碎、洗净的小银鱼和作料搅成面糊，依次做银鱼蛋饼和鲜蘑炒豌豆。

一起来做菜

银鱼蛋饼

材料：鸡蛋2个，牛奶100毫升，面粉70克，小葱碎10克，新鲜小银鱼90克，盐、胡椒粉、番茄酱各适量。

做法：①鸡蛋打散，和牛奶、面粉、小葱碎一起搅匀。②小银鱼洗净，倒入面糊中，放盐和胡椒粉搅匀。③不粘锅烧热，刷上油，倒入调好的面糊摊开，煎至两面呈金黄色，取出切块，配上番茄酱即可。

鲜蘑炒豌豆

材料：口蘑100克，豌豆150克，高汤、水淀粉、盐适量。

做法：①口蘑洗净，切成小块；豌豆洗净。②锅中倒入少许油，放入口蘑块翻炒，再下入豌豆，加入高汤焖煮。③豌豆煮的时间可以稍微长一点，软糯后加入少许盐调味，勾入水淀粉，大火收汁就可以出锅了。

还可以吃什么?

推荐套餐二：煎蛋三明治+番茄浓汤+酸奶沙拉+苹果

推荐套餐三：虾皮紫菜汤+铜锣烧+鸡蛋炒洋葱+香蕉

推荐套餐四：牛奶芝麻豆浆+芹菜饼+醋熘土豆丝+橘子

外带10点加餐：松仁

外带15点加餐：猕猴桃

晚餐小推荐

推荐套餐一：番茄蛋花疙瘩汤+韭菜盒子+豆豉鱿鱼+小米蒸排骨

青春期是孩子长个子的关键时期，一顿能帮孩子长个子的晚餐，必不可少。

提前准备：清水浸泡鱿鱼，排骨提前用小米腌制。

快速晚餐：先把腌制好的排骨上锅蒸上，再准备韭菜盒子，煮番茄蛋花疙瘩汤的同时完成豆豉鱿鱼的制作，这时排骨也熟了，一起上桌吧。

豆豉鱿鱼

材料：鱿鱼肉200克，青红椒半个，豆豉酱1勺，葱段、姜片、蒜片、生抽适量。

做法：①鱿鱼肉处理干净，内层切花刀，改刀切成鱿鱼片；青红椒洗净、切块。②鱿鱼片倒入沸水锅，焯烫至变白卷起后，捞出沥干水分。③锅中倒少许油，爆香葱段、姜片、蒜片，加入豆豉酱翻炒均匀，放入青红椒块、焯烫好的鱿鱼片，调入少量生抽，大火翻炒均匀出锅即可。因为豆豉酱和生抽中含有盐，所以这道菜可以不用另外放盐了。

韭菜盒子

材料：鸡蛋2个，韭菜150克，虾皮5克，饺子皮200克，胡椒粉、鸡精、盐各适量。

做法：①韭菜洗净，切末，鸡蛋磕开，炒熟备用。②把炒鸡蛋、韭菜末、虾皮、胡椒粉、鸡精、盐做成馅。③将两张饺子皮上下合在一起，中间包上馅，边缘捏紧。④倒油烧热，煎至两面金黄即可。

还可以吃什么？

推荐套餐二：意大利肉酱面+糖醋胡萝卜丁+麦香鸡丁+白菜豆腐汤

推荐套餐三：芝麻花卷+皮蛋瘦肉粥+葱酥鲫鱼+香菇炖面筋

推荐套餐四：虾仁火腿炒饭+青椒炒肉+木瓜排骨汤+凉拌西蓝花

第六节　皮肤光亮的诀窍

维生素E抗氧化

维生素E可减轻紫外线的伤害，改善胶原纤维与弹力纤维断裂、变性，并可帮助调节皮脂分泌，达到防止晒伤及改善皮肤瘙痒的目的。同时，维生素E也是一种很好的抗氧化剂，可有效抑制脂质过氧化，从而使皮肤保持白嫩。

早起空腹喝水能滋润皮肤

清晨刚起床后，空腹喝一杯水对身体很有好处，如可以使孩子很快产生尿意，从而促进代谢废物随尿液排出体外。另外，清晨补水特别容易被身体吸收并输送至全身，促进血液循环，滋润肌肤，让皮肤水嫩光泽。

美容大师维生素C

维生素C具有抗氧化作用，参与体内氧化还原过程，能增加毛细血管的致密性，降低其通透性和脆性。它还能抑制皮肤的氧化作用，使皮肤内深层氧化的色素还原成浅色，保持皮肤白嫩，抑制色素沉着，从而预防雀斑、皮肤淤斑和头发枯黄等。平时可以多吃新鲜蔬菜、水果，这些食物中不仅含有维生素C，还含有维生素E及其他抗氧化成分，可以美容养颜。

早餐小推荐

推荐套餐一：牛肉大米粥+家常鸡蛋饼+爽口木耳+苹果

青春期的孩子都希望自己的皮肤水嫩光滑，但是由于学习压力大，经常会导致内分泌失调，进而皮肤变差。其实，只要父母给孩子做些可以滋润皮肤的早餐，让孩子拥有水嫩皮肤就不难。

提前准备：木耳提前泡发。

快速早餐：先将大米洗净，熬粥，同时做鸡蛋饼，再将牛肉放到粥里，加作料即可，接着处理木耳、红椒，拌匀即可。最后加上洗干净的苹果，一顿早餐就做好了。

家常鸡蛋饼

材料：鸡蛋2个，面粉100克，盐1克，葱花适量。

做法：①小葱洗净，切碎，与鸡蛋、面粉、少许盐混合在一起，搅拌成面糊。②平底锅刷油，油热后倒入面糊。③摇晃平底锅，让面糊均匀铺在锅底。④一面金黄后，翻面，两面都熟了之后，从一边卷起，盛出装盘即可。

爽口木耳

材料：水发木耳200克，红椒50克，葱末、蒜末各3克，盐2克，生抽、白糖、醋各5克，鸡精、香油各少许。

做法：①木耳择洗干净，撕成小朵，焯熟后捞出放凉，控净水；红椒去蒂及籽，切成丝。②将木耳、红椒丝加入葱末、蒜末、盐、白糖、生抽、醋、鸡精、香油拌匀即可。

还可以吃什么？

推荐套餐二：牛奶燕麦粥+南瓜双色花卷+大拌菜+火龙果

推荐套餐三：玉米小米豆浆+麻酱花卷+五香豆腐干+拌黄瓜丝+菠萝

推荐套餐四：鸽蛋银耳粥+萝卜蒸饺+炝拌笋丝+荔枝

外带10点加餐：酸奶

外带15点加餐：荔枝

晚餐小推荐

推荐套餐一：三鲜锅贴+家常鱼块+醋熘大白菜+海米丝瓜汤

光洁的皮肤是每一个青春期的孩子所渴望的，但是很多孩子的皮肤在青春期都会或多或少出现一些瑕疵，这时如果父母能通过科学的晚餐调理孩子的内分泌，那么既可以使孩子的皮肤水嫩光滑，又可以为其身体提供充足的营养。

提前准备：猪肉馅和草鱼块提前切好、腌制。

快速晚餐：先制作猪肉馅，然后用饺子皮包入猪肉馅后，放入电饼铛中煎锅贴。接着我们用盐和淀粉腌一下草鱼块，然后用油锅炸熟，再依次做醋熘大白菜和海米丝瓜汤。

三鲜锅贴

材料：猪肉馅250克，香菇末100克，榨菜碎20克，鸡蛋1个，饺子皮适量，葱末30克，蚝油10克，盐2克，淀粉、姜末、葱花、芝麻适量。

做法：①猪肉馅加香菇末、榨菜碎、葱末、姜末、鸡蛋、盐、蚝油拌匀成馅。②饺子皮包入肉馅，制成生坯。③电饼铛上刷油，将锅贴摆放整齐，底部煎出硬壳后倒清水，盖盖子，选择“煎锅贴”按钮即可。出锅前还可以撒上些葱花和芝麻。

家常鱼块

材料：净草鱼1条，葱花、姜末、酱油、料酒、醋、淀粉各5克，香菜段10克，干红辣椒8克，盐3克，香油少许。

做法：①净草鱼剁块调入盐稍腌，加入淀粉拍匀。②锅内倒油烧热，炸熟草鱼块，捞出控净油。③锅内倒油烧热，爆香葱花、姜末、干红辣椒，烹入料酒、醋、酱油、适量清水、盐，下草鱼块烧至入味，撒香菜段，淋上香油即可。

还可以吃什么？

推荐套餐二：雪梨银耳粥+糯米芝麻球+蒜蓉空心菜+滑炒鱼片

推荐套餐三：牛奶燕麦粥+紫米小枣粽子+番茄牛腩+双色萝卜丝

推荐套餐四：红豆粥+葱油花卷+酸菜鱼+红烧冬瓜

第七节　缓解女孩月经不适　美食来帮忙

饮食应清淡易消化

清淡易消化的食物可以减少青春期女孩身体的负担，所以应该多进食新鲜的蔬菜水果，还要及时喝水，避免身体内水分的大量流失。所以，青春期女孩要多食用扁豆、黄豆、菠菜、胡萝卜等食物。

适量吃些甜食

月经期间可以少量吃些甜食，帮助代谢，如巧克力、蛋糕等。但甜食不可食用过多，因为食用过多会导致血糖不稳定，影响体内激素平衡而加重经期的不适感。

多吃补钙、补铁的食物

钙有减少体内液体潴留和调节情绪的作用，所以及时补充钙能够有效缓解痛经和经期紧张。此外，还能防止体内钙流失，减少动物性蛋白流失。含钙丰富的食物有虾皮、奶制品、绿色蔬菜等。

中学女生月经中流失的铁较多，需要及时补充铁，再搭配一些富含维生素C的食物促进铁的吸收，这样能有效缓解经期不适。富含铁的食物有瘦肉、动物内脏、动物血、深颜色的蔬菜等。可以搭配一些能促进铁吸收的柑橘等水果食用。

少吃生冷食物

生冷食物大多具有清热解毒、滋阴降火的作用，但月经期应尽量不吃或少吃这些食物，否则容易造成月经不调、痛经等情况。生冷食物有梨、西瓜、刺身等。

少吃辛辣刺激性食物

月经期间的女孩不适合食用肉桂、花椒、丁香、胡椒等辛辣刺激性食物，因为这些食物可能会引起子宫和盆腔进一步充血，加重经期不适的症状。

少喝冷饮

喝冷饮会加重经期不适症状。适量喝些热的红糖姜水、红枣茶等，对身体大有好处。

经期饮食不宜过咸

咸食吃得过多会使体内水分和盐分储量增多，而在月经来前，孕激素增多，本就易出现水肿、头痛等症状，此时饮食过咸，就会加重这些症状。食用些促进肠蠕动的食物，如青菜、豆腐等，可以缓解月经前烦躁不安、便秘、腰痛等情况。

减少高脂肪食物的摄入

女孩在月经期间，体内的雌激素水平不稳定，如果波动较大，就会引起经期紧张和痛经等情况，而高脂肪食物摄入过多会导致女孩体内雌激素迅速上升，加剧不适症状，所以减少高脂肪食物摄入有利于缓解经期不适。

女孩月经不同时期宜补充的食物见表7–3。

表7–3　月经不同时期宜补充的食物

不同经期饮食	原因及适合吃的食物
月经期 宜多吃开胃食物	此时常会感到腰痛、没胃口，这时可以吃些开胃、易消化的食物，如枣、面条、薏米粥等
卵泡期 多补充蛋白质	此时要吃容易消化、营养丰富的食物，有利于女孩营养的补充，多吃蔬菜、多饮水，保持大便通畅。要摄取足够的蛋白质，补充经期所流失的蛋白质，如蛋、豆腐、黄豆等高蛋白的食物
黄体期 宜补血	此时宜补充含蛋白、铁等食物，如菠菜、大枣、葡萄干、动物肝脏、蛋、奶等

早餐小推荐

推荐套餐一：山药薏米豆浆+牛肉大葱包+葱炒木耳+红枣

女孩月经来临，经常会感到疲乏、劳累，这时准备一套补血补气的早餐，可以缓解月经带来的不适。

提前准备：将黄豆和薏米洗净，放入豆浆机中浸泡，木耳提前泡发。

快速早餐：先将山药处理干净，切小块放进浸泡黄豆和薏米的豆浆机中，打豆浆。接着将木耳和大葱处理好，烧水。烧水期间，可以提前蒸好包子。接着爆香葱丝，炒好木耳，早餐就完成了。

山药薏米豆浆

材料：黄豆30克，山药50克，薏米20克，冰糖适量。

做法：①前一天将黄豆和薏米洗净，放入豆浆机中浸泡；山药去皮，洗净，切小块。②将山药一同倒入全自动豆浆机中，加水至上、下水位线之间，按下“豆浆”键，煮至豆浆机提示豆浆做好，过滤后加冰糖搅拌至化开即可。

葱炒木耳

材料：水发木耳200克，大葱50克，酱油5克，水淀粉10克，盐2克。

做法：①水发木耳洗净，撕成小朵；大葱择洗干净，切丝。②锅置火上，将木耳放沸水中焯烫熟，盛出后沥干。③另起锅，放油烧热，爆香葱丝，加木耳翻炒，加酱油和盐，出锅前用水淀粉勾芡即可。

还可以吃什么？

推荐套餐二：红枣米糊+麻酱花卷+青椒炒猪肝+柑橘

推荐套餐三：番茄小疙瘩+紫薯包+胡萝卜拌鸡丝+红枣

推荐套餐四：三鲜馄饨+培根青笋+卤蛋+橘子

外带15点加餐：苹果

外带15点加餐：杏仁

晚餐小推荐

推荐套餐一：香菇鸡汤面+虾皮炒韭菜+土豆炖牛肉+红枣发糕

女孩经过一天的学习已经很累了，加上月经的到来，很是疲惫，晚上父母为孩子准备一顿富含优质蛋白且滋阴、补钙、补铁的晚餐，有利于缓解女孩经期的不适症状。

提前准备：清洗食材，沥干水分，提前醒发玉米面，红枣对半切开，去核。

快速晚餐：先将发酵好的玉米面和红枣混合均匀，切成小块上锅蒸上，再把牛肉、土豆洗净切块，炖牛肉的同时准备香菇鸡汤面和虾皮炒韭菜。

虾皮炒韭菜

材料：韭菜200克，虾皮10克，盐1克，生抽适量。

做法：①韭菜用清水洗净，切段；虾皮用清水洗净。②锅内倒油烧热，放韭菜、虾皮翻炒，炒至断生，加盐、生抽调味即可。

土豆炖牛肉

材料：牛肉200克，土豆1个，胡萝卜半根，姜3片，葱段、盐、生抽、料酒、盐、八角适量。

做法：①牛肉洗净切小块，放入锅中汆烫，捞出沥水；土豆、胡萝卜分别洗净、去皮、切块。②锅中倒少量油，放入葱段煸香，下牛肉块翻炒，倒入生抽、料酒、八角和适量开水炖煮。③小火炖20分钟后放入土豆块、胡萝卜块，继续炖煮至汤汁浓稠、牛肉块软烂时，加入盐调味，出锅前可以撒上少许葱花。

成功小秘诀：汆烫牛肉时要冷水下锅，中间加水时要放开水，这样牛肉才能软烂不易塞牙。

还可以吃什么？

推荐套餐二：羊肉面+菠菜炒豆腐干+彩椒牛肉条

推荐套餐三：益母草大米粥+白萝卜羊肉蒸饺+豆腐干炒蒜苔

推荐套餐四：猪肉大葱包+家常豆腐+玫瑰红枣粥

第八节　想要痘痘少　饮食很重要

多饮水

中学生要坚持多喝水，这样可以保持身体正常的新陈代谢，减少代谢废物在体内的堆积。此外，中学生活动量大，如果不注意饮水就可能影响皮肤的正常代谢，加重青春痘的症状。为了保证水分的摄入，中学生每天至少饮用1 200毫升的水。

多吃富含维生素A和B族维生素的食物

如果体内缺乏维生素A，就会造成上皮细胞功能减退，皮肤角质层增厚，容易长青春痘。所以维生素A对皮肤的健康有十分重要的作用。富含维生素A的食物有动物肝脏、橘子、橙子、胡萝卜等。

B族维生素也是具有美容作用的维生素，能调节皮脂分泌，让肌肤光泽细腻。如果体内缺少B族维生素皮肤就爱出油，加重青春痘症状。富含B族维生素的食物有粗粮、蛋、奶、动物肝脏等。

控制甜食摄入

奶油、巧克力等甜食中含有较多的糖，经常食用会加快皮脂的分泌，让皮肤变油，加重青春痘。有青春痘的中学生一定要减少甜食的摄入，保持均衡的饮食，保证身体的正常新陈代谢。

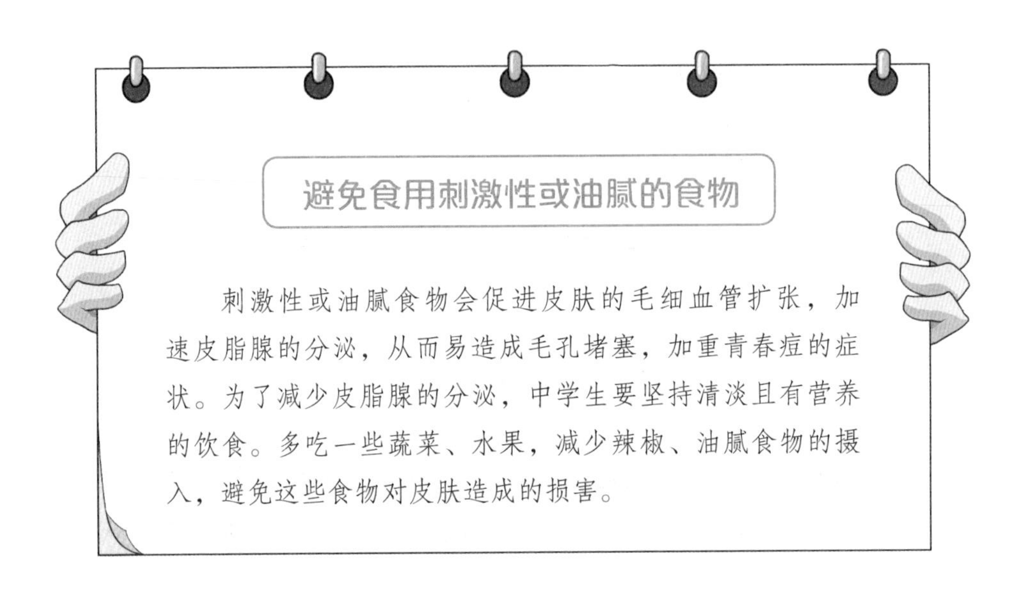

避免食用刺激性或油腻的食物

刺激性或油腻食物会促进皮肤的毛细血管扩张，加速皮脂腺的分泌，从而易造成毛孔堵塞，加重青春痘的症状。为了减少皮脂腺的分泌，中学生要坚持清淡且有营养的饮食。多吃一些蔬菜、水果，减少辣椒、油腻食物的摄入，避免这些食物对皮肤造成的损害。

多食富含膳食纤维的食物

富含膳食纤维的食物能够促进胃肠蠕动，加速大便排出，也能保证代谢废物的排出，使皮肤保持健康。有青春痘的中学生应多食使促进胃肠蠕动的富含膳食纤维的食物，保持大便通畅，这样有利于青春痘的减轻。富含膳食纤维的食物，如蘑菇、水果、蔬菜、粗杂粮等都是很好的选择。

保持皮肤的洁净

中学生活动量大，容易出汗，如果出汗后不及时洗澡、洗脸，就会造成皮肤表面的汗液残留，让灰尘等附着在皮肤上，堵塞毛孔，加重青春痘，所以中

学生要勤洗澡、勤换衣服，养成良好的卫生习惯，这对于青春痘的治疗有益。此外，不要经常摸脸、用手去挤青春痘，避免造成细菌感染。

保持舒畅的心情

情绪的波动会影响人的内分泌，如果孩子经常压抑自己的情绪可能会使体内内分泌失衡，影响皮肤的正常代谢。所以中学生在学习之余要适当运动，放松心情，学会劳逸结合，保持心情舒畅，有利于青春痘的减轻。

早餐小推荐

推荐套餐一：薄荷绿豆汤+京味糊塌子+大拌菜+橘子

中学生正处在一个爱美的年龄段，但是总有一些讨厌的痘痘“爬”到光滑的脸上，让一些孩子烦恼异常，这时家长可以用绿豆、新鲜蔬菜等为孩子做一顿能有效缓解痘痘的早餐。

提前准备：食材洗净，沥干水分。

快速早餐：先清洗绿豆、薄荷叶，然后煮绿豆汤，再用温水浸泡虾皮，接着将做大拌菜的蔬菜放进盘中，加调料拌匀。清洗西葫芦，切丝，用面粉、水、鸡蛋、虾皮、盐、西葫芦丝做面糊，接着用平底锅将面糊两面煎至金黄即可，这样很快早餐就做好了。

一起来做菜

京味糊塌子

材料：面粉100克，鸡蛋1个，西葫芦300克，虾皮20克，盐适量。

做法：①西葫芦洗净，切丝；虾皮用温水浸泡10分钟，洗净沙和去掉部分盐分，捞出备用。②取盆加入面粉、水、鸡蛋、虾皮、盐、西葫芦丝搅拌成糊。③平底锅加油烧热，加1勺面糊，转动锅使面糊煎至金黄，再换面煎金黄即可出锅。

大拌菜

材料：紫甘蓝丝100克，生菜段、红彩椒片、黄彩椒片、苦菊段、圣女果各30克，熟花生仁20克，白糖、醋、生抽各5克，盐3克。

做法：①将紫甘蓝丝、生菜段、红彩椒片、黄彩椒片、苦菊段、熟花生仁、圣女果放盘中。②加白糖、醋、生抽、盐拌匀即可。

还可以吃什么？

推荐套餐二：红豆薏米粥+葱油花卷+醋熘白菜+橘子

推荐套餐三：荸荠绿豆粥+烧饼加蛋+竹荪木耳汤+橙子

推荐套餐四：番茄面疙瘩+黄瓜拌耳丝+卤蛋+橘子

外带10点加餐：酸奶

外带15点加餐：香蕉

晚餐小推荐

推荐套餐一：蔬菜蛋包饭+干烧草菇+豆皮炒肉丝+苋菜笋丝汤

脸上的痘痘肯定让很多中学生烦恼不已，晚上家长可以用鸡蛋、新鲜蔬菜、草菇、苋菜等做一顿丰富的晚餐，既可以达到缓解痘痘的目的，还能为孩子的健康成长提供营养。

提前准备：清洗食材，沥干水分放入冰箱中冷藏。

快速晚餐：先将鸡蛋打成蛋液，和面粉搅成面糊，然后用平底锅煎蛋饼，接着在蛋饼上放炸肉酱、适量米饭、蔬菜条做成包饭即可。然后将草菇洗净切片，下锅煸炒、焖烧2分钟，接着将苋菜洗净，香菇、冬笋、胡萝卜洗净切丝，用开水焯烫苋菜、香菇丝、冬笋丝。然后在草菇锅中放青椒片、红椒片炒熟即可。接着可以爆香姜末，放胡萝卜丝煮熟后放冬笋丝、香菇丝煮3分钟，最后放苋菜煮熟，调味即可。

豆皮炒肉丝

材料：豆皮100克，猪里脊50克，青椒1个，葱花、姜末、生抽、醋、水淀粉适量，盐2克。

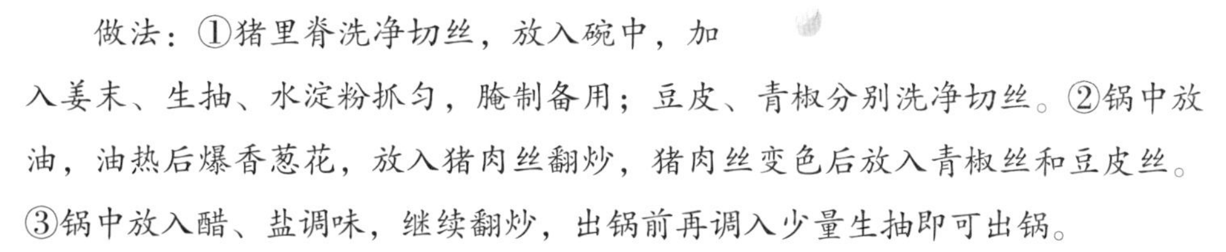

做法：①猪里脊洗净切丝，放入碗中，加入姜末、生抽、水淀粉抓匀，腌制备用；豆皮、青椒分别洗净切丝。②锅中放油，油热后爆香葱花，放入猪肉丝翻炒，猪肉丝变色后放入青椒丝和豆皮丝。③锅中放入醋、盐调味，继续翻炒，出锅前再调入少量生抽即可出锅。

苋菜笋丝汤

材料：苋菜100克，冬笋丝80克，胡萝卜丝50克，水发香菇2朵，盐2克，鸡精1克，蘑菇高汤、姜末、料酒、香油各适量。

做法：①冬笋丝煮熟；水发香菇洗净去蒂，切丝焯水。②锅内放油烧热，爆香姜末，放胡萝卜丝炒熟，再放料酒、蘑菇高汤、冬笋丝、香菇丝煮3分钟。③放苋菜煮熟，加调料调味，淋香油即可出锅。

还可以吃什么？

推荐套餐二：奶香玉米饼+鱼香茄子+菠萝鸡翅+鲫鱼豆腐汤

推荐套餐三：馒头+香椿拌豆腐+剁椒鱼头+紫菜蛋花汤

推荐套餐四：土豆饼+家常豆腐+四彩鸡丁+黄豆鱼蓉粥

第九节　食欲好　营养才好

食欲缺乏的原因

孩子缺乏食欲的原因有很多，如平时爱吃零食，觉得吃饭没有滋味；缺少某些营养素，导致胃肠蠕动变慢，消化食物的时间延长；前后两次进餐时间安排得过近；吃饭时暴饮暴食，不细细咀嚼等。

补充B族维生素

B族维生素能够增强消化功能，从而改善食欲。维生素B_{12}能够帮助消化、增加食欲；维生素B_1能够促进糖的分解，促进胃肠蠕动；维生素B_6能够增强胃的消化吸收功能；烟酸能够维持消化系统的健康。

B族维生素等水溶性维生素与脂溶性维生素不同，当人体摄入B族维生素的量饱和后，体内不能多储存，食入的B族维生素越多，尿中的排出量也越大。B族维生素在动物和部分微生物中无法合成，人体对它的需求不高，但却必不可少，因此必须从外界获得，一般植物体内可以合成。

正确吃零食

零食的营养价值低，很多孩子因为贪吃零食而不爱吃正餐，甚至导致营养不良，所以应该少给孩子吃零食，尤其是饭前1小时最好不吃。另外，饭前最好也不要给孩子吃一些过甜的食物，如葡萄、香蕉、荔枝等，饭前吃了也可能降低食欲。可用少量山楂、话梅、陈皮等酸味食物刺激孩子的食欲。在水果方面，草莓、橙子有一定开胃效果。

加餐的必要性

虽然不建议给孩子吃零食，但给孩子加餐是必要的。因为孩子的活动量大，常常没到吃饭时间能量就消耗掉大部分，很难维持接下来的活动。所以，为了防止孩子处于饥饿状态，加餐是必要的。但加餐应该选择比较健康的食物，如牛奶、豆浆、全麦面包等。此外，如果孩子在上一次正餐时没有吃蔬菜，那么就选择蔬菜作为加餐；如果没有吃肉类，那么肉类就是首选，再或者水果和坚果都是可以的，但是像高能量的蛋糕、含糖饮料就不太适合了。

早餐小推荐

推荐套餐一：红豆山楂米糊+莜面煎饼+麻酱油麦菜+草莓

早上起来孩子可能会出现没有食欲的情况，这样就会影响一整天的学习，所以一顿开胃美味的早餐，既可以增强孩子食欲，还能为孩子补充足够的营养。这套早餐含有山楂、芝麻酱、莜麦面、油麦菜等，都能帮助孩子开胃，让孩子开心享受这份完美的早餐吧。

提前准备：将红豆、大米、山楂洗净，再将山楂去核，一起放入豆浆机中，设置预约功能。

快速早餐：前一天先将红豆放入豆浆机中浸泡，早上直接放入大米、山楂即可。这时可以做莜麦煎饼，然后做麻酱油麦菜，这些食物既可以增强食欲，还简单易做，非常适合早上家长给孩子做。

一起来做菜

红豆山楂米糊

材料：红豆、大米各50克，山楂10克，红糖2克。

做法：①头天先将红豆洗净，放入豆浆机中，浸泡一夜。②大米淘洗干净，山楂洗净、去核，放入豆浆机中。③按下“米糊”键，煮至豆浆机提示米糊做好，加入红糖搅至化开即可。

莜麦煎饼

材料：莜麦面100克，鸡蛋2个，青菜碎50克，葱花5克，盐2克。

做法：①鸡蛋打散，搅拌成鸡蛋液。②将莜麦面与鸡蛋液、盐、葱花、青菜碎混合均匀。③平底锅中放入少许油烧热，在锅中均匀放上一勺面糊，用小火摊成面饼即可。

还可以吃什么？

推荐套餐二：红豆山药粥+紫薯双色花卷+扁豆鸡丁+橙子

推荐套餐三：春饼+粉条鸡蛋炒韭菜+五谷豆浆+猕猴桃

推荐套餐四：鲜虾酱汤面+鸡蛋炒丝瓜+酱猪肝+草莓

外带10点加餐：酸奶、开心果

外带15点加餐：猕猴桃

晚餐小推荐

推荐套餐一：水煎包+双色萝卜丝+鸡蛋大虾沙拉+山药排骨汤

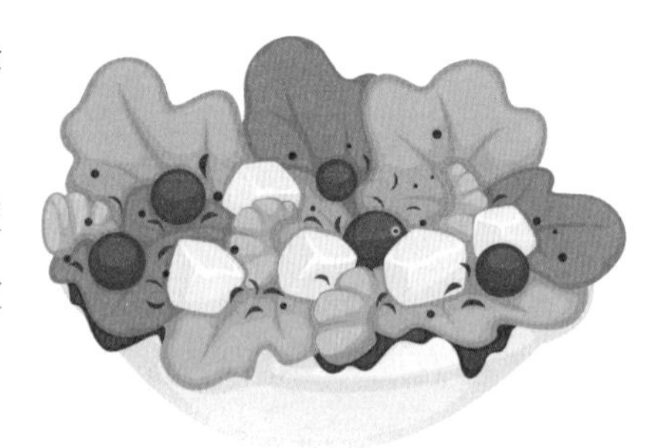

孩子晚上太累了，可能会没有食欲，这时家长给孩子准备一桌荤素搭配合理，又能促进食欲的饭菜，对于孩子来说真是一种享受呀！

提前准备：清洗食材，排骨提前开水焯烫。

快速晚餐：色香味俱全的晚餐，快速搞定不再难。在做水煎包、炖山药排骨汤的时候，可以做双色萝卜丝和鸡蛋大虾沙拉，这样主食、菜肴基本可以同时端上饭桌，而且搭配合理、味道香甜，相信辛苦学习一天的孩子会非常喜欢的哦！

鸡蛋大虾沙拉

材料：熟鸡蛋2个，大虾80克，西蓝花50克，盐5克，蛋黄酱30克，鲜奶油20克，胡椒3克，柠檬汁10克。

做法：①大虾洗净去虾线，沸水入锅煮熟，捞出沥干水分。②熟鸡蛋剥皮，切4份；西蓝花洗净，掰小朵，焯烫至熟，捞出。③将蛋黄酱、鲜奶油、盐、胡椒、柠檬汁，制成调味汁。④将鸡蛋、虾、西蓝花放入碗中，浇上调味汁即可。

山药排骨汤

材料：猪小排200克，山药150克，葱花、姜片、江米酒、盐各适量。

做法：①先将猪小排剁块，用热水焯烫一下，洗净备用；山药削皮洗净，横刀切成厚片，再从中间对半切开备用。②锅内倒油烧热，爆香葱花、姜片，加入排骨，加入适量清水，大火煮开。③大火煮开后，转中小火炖煮20分钟，把切好的山药片放入锅中，加入适量江米酒、盐调味。④再开锅后小火炖煮20分钟即可。

还可以吃什么？

推荐套餐二：鸡丝苋菜粥+芹菜腐竹+苦瓜肉丁+玉米面发糕

推荐套餐三：咖喱蛋包饭+蒜蓉空心菜+茄汁大虾+莲藕排骨汤

推荐套餐四：四喜花卷+酥炸鲜平菇+酸辣胡萝卜土豆丝+萝卜汤

第十节　微量元素　让大脑更聪明

锌——智力之源

锌与人体生长发育及组织再生都有关系，可直接参与控制基因的表达，能促进神经系统和大脑的健康，并影响思维的敏捷性，所以锌也被称为智力之源。建议儿童锌的每日摄入量为7毫克，青少年锌的每日摄入量为8.5～11.5毫克。一般来说，海产品、红肉类（猪肉、牛肉、羊肉等）、动物内脏类都是锌的极好来源；坚果、干果类、谷类胚芽等也富含锌。

孩子偏食厌食，一定要注意查查体内是否缺锌，锌是生长发育过程中必不可少的物质，缺锌可引起食欲减退、免疫功能降低，严重缺锌可影响智力发展，导致成熟延迟等问题，孩子不爱吃饭可能是缺锌的表现。

常吃含必需氨基酸的食物

大豆富含人体所需的必需氨基酸，有助于增强大脑功能，如酪氨酸可使人精力充沛、注意力集中。另外，大豆还含有卵磷脂、丰富的维生素及其他矿物质，可以促进孩子的大脑发育。

健脑食材推荐

鸡蛋　蛋黄中含有卵磷脂等脑细胞必需的成分，能给大脑带来活力。

鱼　富含优质蛋白、钙和ω-3脂肪酸，有利于大脑的发育。

花生　含有优质蛋白和卵磷脂等，是神经系统发育必不可少的物质。

核桃　富含赖氨酸和不饱和脂肪酸等物质，对增进脑神经功能有一定作用。

大豆及豆制品　富含卵磷脂和优质蛋白，可提高记忆力和学习能力。

早餐小推荐

推荐套餐一：鸡肉三明治+芝麻豆奶+凉拌紫甘蓝+红枣

沉睡了一晚，用一顿活力早餐来唤醒孩子的大脑吧！鸡肉、黑芝麻和黄豆一起食用能够提高身体抵抗力，健脑益智；紫甘蓝和红枣中的维生素能满足身体所需。这份套餐为孩子大脑提供基础能量，帮助孩子开动脑力，让其能好好学习。

提前准备：清洗黄豆，加适量清水，浸泡一夜；清洗其他食材。

快速早餐：先把黄豆放入豆浆机中做豆浆，然后清洗番茄、生菜、紫甘蓝、苹果，切番茄、面包、熟鸡胸肉，食材处理好后，做鸡肉三明治、凉拌紫甘蓝，待豆奶做好，加入熟黑芝麻碎和红糖拌匀，就大功告成啦。

鸡肉三明治

材料：面包1个（约100克），熟鸡胸肉30克，番茄、生菜各50克，黑胡椒粉适量。

做法：①面包横切两半；熟鸡胸肉切片；番茄洗净切片；生菜择洗干净。②在一半面包上铺上鸡胸肉片，撒上适量黑胡椒粉，依次放上番茄、生菜，盖上另一半面包即可。

芝麻豆奶

材料：熟黑芝麻碎15克，黄豆25克，红糖适量。

做法：①头天晚上将黄豆洗净，放入豆浆机中，加适量清水浸泡8小时。②豆浆机连接电源，选择“煮豆浆”键，煮至豆浆熟透后过滤，调入熟黑芝麻碎和红糖，搅至化开即可。

还可以吃什么？

推荐套餐二：鸡蛋海米馄饨+番茄山药+花生豆浆+香蕉

推荐套餐三：蒸紫薯+鲜虾蒸蛋+青菜炒豆渣+猕猴桃

推荐套餐四：馒头+凉拌菠菜+杂豆粥+橘子

外带10点加餐：苹果

外带15点加餐：猕猴桃

晚餐小推荐

推荐套餐一：豆干炒饭+酸菜鱼+胡萝卜拌莴笋+牛腩萝卜汤

中学生学业繁重，为了孩子能更好地学习，父母平时可以多给孩子吃些健脑益智的食物，如豆腐、海产品、新鲜蔬菜等，既让孩子健脑益智，还能为孩子身体的成长提供必需的营养物质。

提前准备：草鱼切片腌制，清洗食材，沥干水分。

快速晚餐：先将草鱼洗净切片腌制，再处理其他食材，依次炒豆干炒饭、做酸菜鱼，做牛腩萝卜汤的时候把莴笋和胡萝卜拌好。

胡萝卜拌莴笋

材料：胡萝卜片50克，莴笋片100克，盐2克，芝麻油少许，盐、醋适量。

做法：①锅内加水烧沸，放入胡萝卜片和莴笋片焯熟，捞出沥干。②将胡萝卜片和莴笋片放入碗中，加盐、醋、芝麻油拌匀即可。

牛腩萝卜汤

材料：牛腩150克，萝卜200克，葱半根，姜3片，盐3克，白胡椒粉适量。

做法：①牛腩切大块，冷水下锅，水沸时撇去浮沫，捞出牛腩块。②锅中油热后，放入葱、姜炒香，放入焯过水的牛腩块翻炒均匀，倒入足量热水，撒少许白胡椒粉，水开后小火煮60分钟。③萝卜去皮切大块，倒入锅中，继续煮30分钟至萝卜完全透明，加盐调味即可。

还可以吃什么？

推荐套餐二：蒸玉米+冬瓜炖排骨+醋熘土豆丝+金针菇豆腐汤

推荐套餐三：绿豆芽肉丝炒面+竹笋炒豆角+番茄山药+红豆粥

推荐套餐四：蛋黄大米粥+花卷+清蒸鲫鱼+双色菜花

第十一节　明目护眼　不戴小眼镜

保证蛋白质的摄入

蛋白质丰富的食物对保护视力十分有益，保证蛋白质的供应，有利于保护眼睛的正常功能，所以中学生在日常饮食中要适当增加肉、奶、蛋等蛋白质丰富的食物的摄入。

增加钙、锌、硒的摄入

钙参与各种各样的神经活动，缺钙易导致视力疲劳和注意力分散。补钙可以适量多吃虾仁、牡蛎、牛奶等。

锌能够增强视觉神经的敏感度。缺锌还会影响维生素A在体内的代谢，而维生素A能维护正常视觉功能，因此补充维生素A时还应补充锌。补锌可以多吃牡蛎、红肉、动物肝脏等。

硒是维持视力的重要微量元素，能够缓解自由基对眼睛的伤害，并缓解眼疲劳。补硒可以多吃黑豆、葡萄、西蓝花、动物肝脏等。

养成良好的用眼习惯

中学生学习要注意防止用眼过度，要坚持劳逸结合的用眼方法。此外，中学生要采用正确的姿势阅读和学习，不要在光线过于强烈处或黑暗处学习，要适当多进行户外活动，多看远处，并且要认真做眼保健操。

叶黄素保护眼睛黄斑区

叶黄素是植物营养素的一种，具有抗氧化作用，是视网膜黄斑区的主要色素，人体不能自行合成，只能从食物中摄取。叶黄素可以保护眼睛不受光线的损害，并对抗自由基对黄斑区的氧化伤害。叶黄素常与玉米黄素同在，主要存在于玉米、猕猴桃、胡萝卜等黄绿色蔬菜中。

甜食过量伤眼睛

大部分的家长只知道常吃甜食容易增加体重，殊不知，吃过量的甜食还会影响眼睛健康。甜食中的糖分在人体内代谢时需要大量的维生素B_1，而维生素B_1是视神经的重要营养来源，如果孩子摄入过多的糖分，体内的维生素B_1就会相对不足，进而影响眼睛健康。如果孩子患有近视，应该尽量少吃甜食，可以多吃些白萝卜、胡萝卜、黄瓜、豆芽、青菜、糙米和芝麻等，这些食物对眼睛有好处。

少吃辣味食物

孩子过多地摄入辣味食物可能导致上火，使眼睛有烧灼感、眼球血管充血，还容易引发结膜炎、视力减退等。北方空气干燥，更应少吃辣味食物，不然对眼睛的伤害会更大。

推荐套餐一：香葱鸡蛋饼+鸡肝小米粥+蒜蓉西蓝花+苹果

中学生很容易因为学习繁重而出现近视的情况，这时候家长可以多给孩子做一些明目护眼的早餐，注意添加动物肝脏、胡萝卜、鸡蛋、牛奶、鱼类等，可以为保护孩子的眼睛增添助力。

提前准备：处理好鸡肝，放冰箱里冷藏。

快速早餐：可以在煮鸡肝小米粥的同时做香葱鸡蛋饼，顺便把蒜蓉西蓝花做好，粥、主食、菜很快就可以做好，加上清洗好的苹果，一顿丰盛的早餐就出现在孩子的面前了。

香葱鸡蛋饼

材料：面粉200克，鸡蛋2个，葱花少许，盐适量。

做法：①鸡蛋磕开，搅成蛋液；把面粉加到蛋液中，加葱花、少许水、盐，调成糊。②电饼铛底部刷层油，放面糊，转动锅，使面糊均匀地摊在锅底，稍煎一会儿，将少许油沿着锅边淋一圈，翻面煎透，两面煎熟即可。

鸡肝小米粥

材料：小米100克，鸡肝50克，葱末5克，盐2克，胡椒粉适量。

做法：①鸡肝洗净，切条；小米淘洗干净。②锅置火上，倒入适量清水烧开，接着放入小米煮15分钟，加入鸡肝条熬煮至黏稠，加葱末、胡椒粉、盐调味即可。

还可以吃什么？

推荐套餐二：胡萝卜小米粥+番茄菜花+牡蛎蒸蛋+苹果

推荐套餐三：肉末粥+鸡蛋灌饼+卤鸡肝+樱桃

推荐套餐四：猪肝小米粥+门钉肉饼+糖醋胡萝卜+香蕉

外带10点加餐：腰果

外带15点加餐：草莓

晚餐小推荐

推荐套餐一：玉米面发糕+菠菜炒猪肝+荸荠木耳汤

孩子学习一天眼睛已经很累了，晚上家长给孩子做一顿明目护眼的晚餐是很有必要的，可以用玉米、菠菜、猪肝、木耳等明目护眼的食物做佳肴，有很多好处的哦！

提前准备：腌制猪肝，发酵玉米面。

快速晚餐：先用温水泡发木耳，然后做玉米面发糕的生坯，然后将发糕上锅蒸，此时，可以处理菠菜、猪肝、荸荠，随后可以做菠菜炒猪肝、荸荠木耳汤，发糕蒸熟，菜也出锅，一顿丰盛的晚餐就轻松呈现在孩子的面前了。

菠菜炒猪肝

材料：猪肝150克，菠菜250克，葱花、姜末、酱油、料酒、淀粉各5克，白糖8克，盐2克。

做法：①猪肝放入冷水中浸泡，去除血水，捞出，切片，猪肝放入碗中，加葱花、姜末、酱油、料酒、淀粉拌匀腌渍10分钟。②菠菜择洗干净，放入沸水中焯烫一下，捞出，控水，切段。③锅置火上，放油烧热，放入猪肝大火炒至变色，放入菠菜稍炒，加盐、白糖炒匀即可。

荸荠木耳汤

材料：荸荠200克，干木耳10克，白糖5克，姜丝、牛奶各适量。

做法：①荸荠削去外皮，清水洗净，捣碎用纱布绞取汁；干木耳泡发，洗净，择去硬蒂，撕成小朵，入沸水锅中焯熟备用。②锅置火上，加入适量清水及荸荠汁，大火煮沸，放入木耳、牛奶、姜丝煮沸。③加入白糖调味，搅拌均匀即可。

还可以吃什么?

推荐套餐二：葱油饼+生滚鱼片粥+肉丝炒胡萝卜+虾仁西蓝花

推荐套餐三：茄子打卤面+山药炒番茄+煎酿豆腐+红枣黑豆蛋汤

推荐套餐四：刀切馒头+土豆烧牛肉+养肝明目粥+时蔬鱼丸

第十二节　提高记忆力　变成脑力王

多摄入蛋白质

蛋白质是神经元和神经胶质细胞的重要成分。在组成蛋白质的氨基酸中，色氨酸、酪氨酸可以转化为神经递质，帮助活跃大脑的思维；谷氨酸有助于保护大脑组织；而亮氨酸缺乏的话，可能导致大脑发育不全。可以适量吃些鸡蛋，因为鸡蛋富含蛋白质和卵磷脂，有助于增强记忆力。

及时补充糖类

大脑消耗的葡萄糖量很大，几乎占人体血液中葡萄糖含量的2/3，而脑组织本身不能储存葡萄糖，只能利用血液提供的葡萄糖产生的能量。因此，经常用脑的中学生要适当吃些含糖的食物，当大脑疲劳时可以适当加餐。

多吃富含卵磷脂的食物

在大脑组织中脂类的含量非常多，如卵磷脂、胆固醇、糖脂等，其中以卵磷脂含量最多，需求量也最多，中学生学习繁重，应该适量多吃富含卵磷脂的食物，如鸡蛋、牡蛎等。

补充ω-3脂肪酸

ω-3脂肪酸对神经系统有保护作用，有助于健脑。研究表明，鱼类富含ω-3脂肪酸，中学生应每周至少吃一次鱼，特别是三文鱼、沙丁鱼和青鱼等。吃鱼还有助于加强神经元的活动，从而提高学习和记忆能力。

常吃含B族维生素的深色绿叶菜

蛋白质的新陈代谢会产生一种名为类半胱氨酸的物质，这种物质本身对身体无害，但如果含量过高就会引起认知障碍和心脏病。而且，类半胱氨酸一旦氧化，就会对动脉血管壁产生副作用。维生素B_6或维生素B_{12}可以防止类半胱氨酸氧化，而深色绿叶菜中B族维生素含量最高。

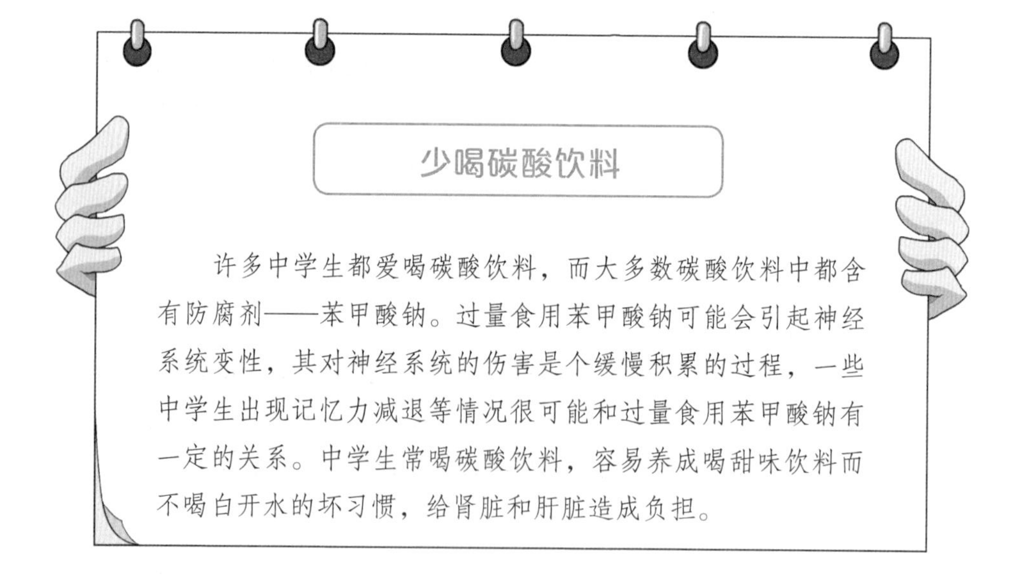

少喝碳酸饮料

许多中学生都爱喝碳酸饮料，而大多数碳酸饮料中都含有防腐剂——苯甲酸钠。过量食用苯甲酸钠可能会引起神经系统变性，其对神经系统的伤害是个缓慢积累的过程，一些中学生出现记忆力减退等情况很可能和过量食用苯甲酸钠有一定的关系。中学生常喝碳酸饮料，容易养成喝甜味饮料而不喝白开水的坏习惯，给肾脏和肝脏造成负担。

早餐小推荐

推荐套餐一：花生榛子豆浆+莜麦蛋饼+翠丝同心圆+葡萄

中学生最重要的任务就是学习，而大脑是学习、记忆、储存知识的宝库，只有大脑组织的代谢活跃了，中学生的大脑功能才能提高，而饮食是大脑营养供给的关键来源，父母可以多给孩子吃些有利于大脑的食物，如花生、榛子、洋葱等。

提前准备：清洗黄豆，浸泡一夜。

快速早餐：花生仁洗净，榛子仁研碎，和泡好的黄豆一起放入全自动豆浆机中做豆浆。接着将鸡蛋液和莜麦面、葱花、盐、韭菜碎搅拌成糊，摊成面饼煎熟。然后将洋葱、洗净切圆环状，青椒、红椒洗净切丝，然后将青椒丝、红椒丝、洋葱圈炒熟。最后将葡萄清洗好即可。

莜麦蛋饼

材料：莜麦面100克，鸡蛋2个，韭菜碎20克，葱花5克，盐2克。

做法：①鸡蛋磕开，搅拌成蛋液，将蛋液与莜麦面、葱花、盐、韭菜碎搅拌成糊状。②锅内倒油烧热，在锅中均匀放上1勺面糊，用小火摊成面饼。③煎至两面金黄即可出锅。

翠丝同心圆

材料：洋葱250克，青椒、红椒各30克，盐2克。

做法：①洋葱洗净，切成圆环状；青椒、红椒分别洗净，去蒂和籽，切成丝。②锅内倒油，放入青椒丝、红椒丝，翻炒片刻放入洋葱圈、盐炒匀，待洋葱稍微变色即可出锅。

还可以吃什么?

推荐套餐二：核桃杏仁豆浆+油条+豆豉鲮鱼油麦菜+蓝莓

推荐套餐三：山楂核桃黑豆浆+韭菜鸡蛋盒子+蒜蓉菠菜+苹果

推荐套餐四：豆腐脑+鸡蛋饼+蒜蓉西蓝花+葡萄

外带10点加餐：苹果

外带15点加餐：猕猴桃

晚餐小推荐

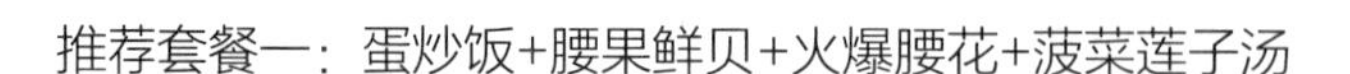

推荐套餐一：蛋炒饭+腰果鲜贝+火爆腰花+菠菜莲子汤

要想中学生学习好，就要为孩子大脑提供足够的营养，提高孩子的记忆力，而饮食调理是提供大脑所需营养的最重要的途径之一，所以家长晚上要用有利于大脑发育的食物，如鸡蛋、鲜贝、菠菜等，为孩子做丰盛的晚餐，也算是犒劳孩子辛苦学习一天的吧。

提前准备：泡透莲子，猪腰提前改刀腌制去腥。

快速晚餐：清洗鲜贝，然后烧水焯菠菜、鲜贝，接着清洗豌豆、枸杞、莲子，最后烧清水焯烫食材，依次做好蛋炒饭、菜、汤，这样，可以增强孩子记忆力的晚餐就做好了！

一起来做菜

鸡蛋炒饭

材料：鸡蛋2个，米饭200克，葱花10克，盐、香油各适量。

做法：①鸡蛋磕开，打散，加少许清水和盐搅匀。②锅内倒油烧热，淋入蛋液，待其凝固，划碎装盘。③锅留底油烧热，放入米饭翻炒，待米饭炒松软后，加入葱花爆香，加鸡蛋后加盐和香油调味即可。

菠菜莲子汤

材料：菠菜150克，莲子30克，豌豆30克，枸杞5克，盐2克，鸡精少许。

做法：①菠菜洗净，焯水后切段；莲子用水泡透，蒸至软糯；豌豆、枸杞分别洗净。②锅中倒入适量清水烧沸，放入豌豆、枸杞、莲子煮5分钟，加入菠菜段、盐、鸡精煮沸即可。

还可以吃什么？

推荐套餐二：扬州炒饭+金钩炒嫩豆角+蟹黄豆腐+萝卜丝鲫鱼汤

推荐套餐三：猪肉大葱包子+蚝油生菜+茉莉花鸡片+奶油鳕鱼羹

推荐套餐四：百合南瓜粥+手撕饼+香菇油菜+火爆腰花

第十三节　强健大脑　让注意力更集中

早餐一定要吃

孩子如果不吃早餐，那么整个上午身体都会处于能量不足的状态。大脑在能量不足的状态下反应会变得迟钝。吃过早餐的中学生，脑部的主要能源——葡萄糖含量会升高，给脑部提供充足的能量，使中学生的注意力更集中。

多吃有益大脑的食物

中学生正处于生长发育期，摄入适量的蛋白质能够增加脑细胞中有关记忆、思维和传递信息的物质基础——神经递质，所以每天都要摄入蛋白质。富含蛋白质的食物有海产品、肉类、奶制品、蛋类、大豆和坚果类。各类海产品不仅蛋白质含量高、质量好，而且脂肪含量低，是补充优质蛋白的最佳选择。大豆是植物性食物中蛋白质含量最丰富的食品。

不能吃得太多或太少

血糖浓度对大脑的活跃程度有很大的影响。血糖偏高或偏低都会影响大脑的活跃。吃得太多，容易导致血糖偏高，进而使中学生的注意力下降；吃得太少会引起血糖偏低，中学生出现饥饿感，进而影响学习的精力。所以早餐要吃，但不能太多或太少。

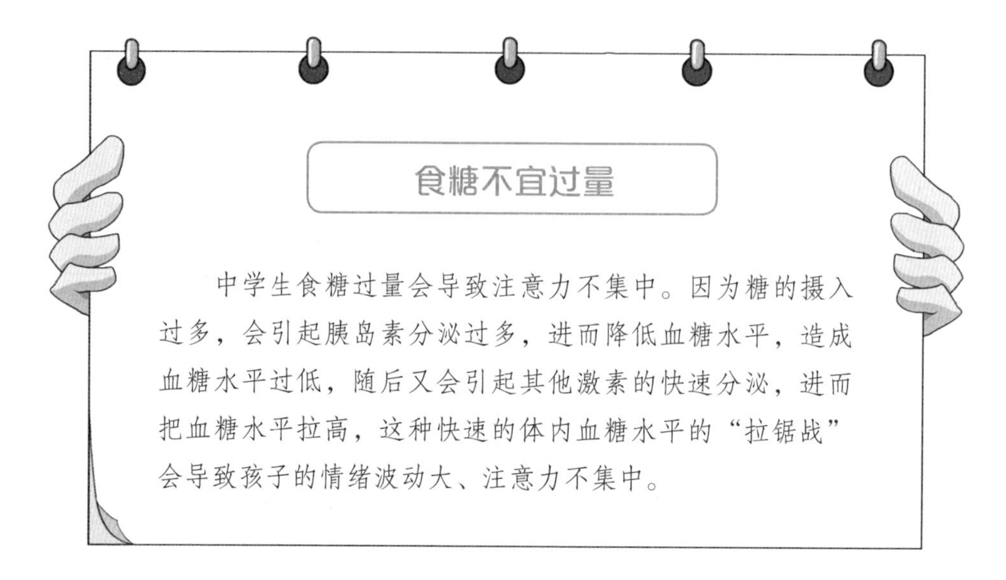

食糖不宜过量

中学生食糖过量会导致注意力不集中。因为糖的摄入过多，会引起胰岛素分泌过多，进而降低血糖水平，造成血糖水平过低，随后又会引起其他激素的快速分泌，进而把血糖水平拉高，这种快速的体内血糖水平的“拉锯战”会导致孩子的情绪波动大、注意力不集中。

集中注意力的“明星食材”推荐

酸奶：酸奶中的酪氨酸对保持敏锐的思维、记忆力以及清醒程度有重要作用。

鱼类：鱼类中的活性二十二碳六烯酸（DHA），可以加强脑细胞之间的信息传递，提高效率，改善注意力不集中的问题。

巧克力：巧克力中的可可碱、乙苯以及咖啡因等，少量食用能让孩子变得机敏，增强注意力。

肉类、谷类：肉类、谷类中含有较多的维生素B_{12}，具有促进红细胞的形成和再生、促使注意力集中的作用。

早餐小推荐

推荐套餐一：香菇蛋花粥+香煎米饼+素炒胡萝卜丝+橘子

中学阶段是学习的关键时期，对孩子的注意力要求很高，这时就可以通过饮食调理提高注意力，效果是很不错的。可以给孩子吃些有益大脑的食物，帮助孩子集中注意力。

提前准备：采用电饭煲定时功能预约煮好米饭。

快速早餐：可以把粥煮上，用提前煮好的米饭煎米饼，然后将胡萝卜洗净，切丝，炒熟即可。

香煎米饼

材料：大米饭100克，鸡蛋2个，鸡胸肉50克，盐3克，葱花适量。

做法：①米饭搅散，鸡胸肉剁碎，鸡蛋打散。②米饭中加入鸡胸肉碎、鸡蛋液、葱花和少许盐，搅拌均匀。③锅中倒少许油，摇晃均匀，倒入搅拌好的米饭，用锅铲摊平，小火加热至米饼成型。④翻面后继续煎至两面金黄，即可出锅改刀装盘了。

素炒胡萝卜丝

材料：胡萝卜300克，熟白芝麻5克，葱丝5克，白糖10克，盐2克。

做法：①胡萝卜洗净切丝，加盐腌10分钟，用水冲去咸味。②锅内倒油烧热，放萝卜丝翻炒，加葱丝、白糖及适量水炒至汁干后，撒上熟白芝麻即可。

还可以吃什么？

推荐套餐二：番茄疙瘩汤+虾仁蛋羹+花生拌菠菜+橘子

推荐套餐三：黑豆豆浆+葱油饼+小葱拌豆腐+草莓

推荐套餐四：阳春面+酱牛肉+开洋白菜+苹果

外带10点加餐：开心果

外带15点加餐：猕猴桃

晚餐小推荐

推荐套餐一：番茄鸡蛋打卤面+菠菜炒猪肝+松仁玉米+鲫鱼冬瓜汤

孩子累了，可能会没有食欲，这时家长给孩子准备一桌荤素搭配合理，又能促进食欲和注意力的晚餐，对于孩子来说真是一种享受呀！

提前准备：清洗食材，沥干水分后放入冰箱冷藏。

快速晚餐：色香味俱全的晚餐，快速搞定不再难。可以先把鲫鱼冬瓜汤炖上，然后准备番茄鸡蛋打卤面，焯烫菠菜后煮面，再做好菠菜炒猪肝和松仁玉米，这时鱼汤也熟了，基本可以同时端上饭桌，菜肴颜色鲜亮、味道香甜，相信辛苦一天的孩子会非常喜欢的哦！

松仁玉米

材料：鲜玉米粒150克，豌豆50克，胡萝卜50克，松子仁5克，盐、糖、水淀粉适量。

做法：①洗净鲜玉米粒、豌豆，胡萝卜洗净切丁。②锅中倒少许油，油热后下松子仁翻炒片刻，盛出冷却。③把鲜玉米粒、豌豆、胡萝卜丁入锅翻炒，豌豆软糯后放入盐和糖，勾入少量水淀粉炒匀，撒上松子仁出锅即可。

鲫鱼冬瓜汤

材料：净鲫鱼1条，冬瓜200克，盐2克，鸡精、姜片、葱段、料酒少许。

做法：①将净鲫鱼洗净沥干；冬瓜去皮、去瓤，切成大片。②锅内倒油烧热，放入鲫鱼煎至两面金黄出锅。③锅内留底油烧热，放姜片、葱段煸香，放入鲫鱼、料酒、鸡精，倒入适量清汤大火烧开，开锅后改小火焖煮10分钟，加冬瓜片煮熟后，加盐即可。

还可以吃什么？

推荐套餐二：白菜炒木耳+香煎秋刀鱼+洋参枸杞汤+土豆丝卷饼

推荐套餐三：炝炒圆白菜+香菇焖鸡+冬瓜丸子汤+牛肉粒炒饭

推荐套餐四：虾仁蒸蛋羹+苦瓜炒牛肉+双菌汤+素馅包子

第十四节　缓解青春期压力　加点B族维生素

吃好每顿饭

不重视饮食，吃饭时马马虎虎，或者随便吃几口，会使人体能量供应不足、缺乏营养素，尤其是缺B族维生素，反映在情绪上即为神经紧张、情绪急躁、压力大。所以应该吃好每顿饭，均衡营养，这样才能精力十足、倍感轻松。

B族维生素缓解压力

繁重的学习任务使孩子压力大、精神紧绷，可以适量给孩子补充B族维生素。维生素B_1能使人心情轻松，充满活力；维生素B_2可以安定神经；维生素B_{12}可以维持神经系统的健康。补充B族维生素，可以多选用鸡肉、燕麦、核桃等。

蛋白质食物不可少

蛋白质能够消除身心疲劳，安定紧张的神经，抚慰焦躁的情绪，若搭配B族维生素、不饱和脂肪酸、钙、铁等一同摄入，效果更好。富含蛋白质的食物有肉类、坚果类等。

减轻压力的“明星食材”推荐

番茄：人在承受较大心理压力时，身体消耗的维生素C比平时多，番茄富含维生素C，能及时补充身体消耗的维生素C，并能减轻心理压力。

香蕉：香蕉含有一种能使人的心情变得愉快舒畅的物质——5-羟色胺，常吃香蕉可以缓解紧张情绪，稳定心态。

牛奶：牛奶含有丰富的钙，可以使人镇静、释放压力。

杏仁：杏仁含有丰富的维生素E，是一种很好的抗氧化剂，能提高免疫系统功能。杏仁还含有丰富的B族维生素，能帮孩子减轻压力。中学生每天吃一小把就足够了。

苹果：苹果被医生称为“全科医生”。苹果中的柠檬酸和苹果酸能提高胃液的分泌，促进消化。多吃苹果还能改善呼吸系统功能。

早餐小推荐

推荐套餐一：牛奶豆浆+凉拌芹菜叶+小窝窝头+香蕉

青春期的孩子学习压力很大，如果不能得到及时调整，很容易得青春期抑郁症，除了孩子自己要做到学习劳逸结合外，父母可以做一些缓解压力的早餐，缓解孩子的压力。

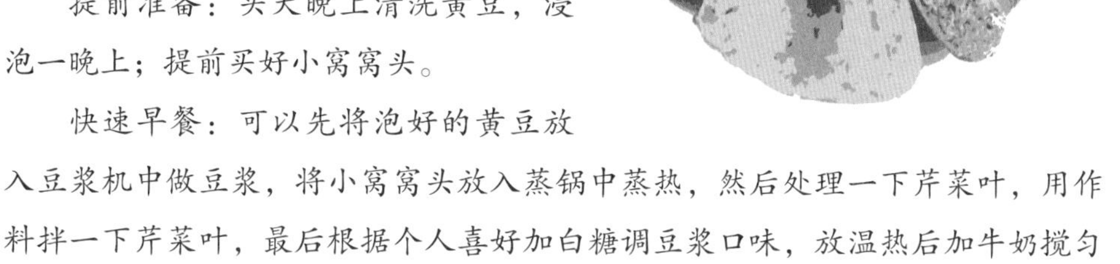

提前准备：头天晚上清洗黄豆，浸泡一晚上；提前买好小窝窝头。

快速早餐：可以先将泡好的黄豆放入豆浆机中做豆浆，将小窝窝头放入蒸锅中蒸热，然后处理一下芹菜叶，用作料拌一下芹菜叶，最后根据个人喜好加白糖调豆浆口味，放温热后加牛奶搅匀即可。

一起来做菜

牛奶豆浆

材料：黄豆40克，牛奶250毫升，白糖适量。

做法：①前一天将黄豆洗净，浸泡一个晚上。②把浸泡好的黄豆倒入全自动豆浆机中，加水至上下水位线之间，煮至豆浆机提示豆浆做好，依个人口味加白糖调味，待豆浆凉至温热，倒入牛奶搅拌均匀后饮用即可。

凉拌芹菜叶

材料：芹菜叶250克，酱油、醋、白糖、辣椒油各5克，干红辣椒、盐各2克，香油少许。

做法：①芹菜叶洗干净，焯熟捞出，控净水，晾凉。②将芹菜叶与盐、酱油、白糖、醋、辣椒油、干红辣椒（稍炸）、香油拌匀即可。

还可以吃什么？

推荐套餐二：芒果双皮奶+鸡蓉粥+素包子+小黄瓜

推荐套餐三：卤黄豆+芹菜炒虾仁+芋头饭+菠萝

推荐套餐四：清炒芦笋+虾仁蛋羹+玉米面馒头+苹果

外带10点加餐：苹果

外带15点加餐：猕猴桃

晚餐小推荐

推荐套餐一：燕麦饼+上汤娃娃菜+莲藕排骨汤

经过一天的学习，孩子回到家里还是会处于紧张的状态并伴随着学习的压力。这时，父母为孩子准备一桌减轻压力的晚餐是很有必要的。

提前准备：处理食材，洗净食材，大虾去壳去虾线，放入冰箱冷藏。

快速晚餐：先将莲藕排骨汤炖上，再把胡萝卜、豌豆粒、洋葱处理一下后炒熟，放入燕麦饭中，加入鸡蛋液和作料调成燕麦糊，然后将燕麦糊倒入洋葱圈内，煎至两面金黄。接着将娃娃菜、皮蛋、青椒、红椒、胡萝卜处理成所需要的形状，用鸡汤炒软娃娃菜，然后焯一下皮蛋丁、青椒丁、红椒丁、胡萝卜丁，焯好后放在娃娃菜上即可。

燕麦饼

材料：燕麦饭150克，鸡蛋2个，洋葱圈、胡萝卜丁各20克，豌豆粒10克，盐2克，白糖、淀粉各5克。

做法：①豌豆粒洗净；将胡萝卜丁、豌豆粒沸水焯熟，捞出，沥干水分。②将胡萝卜丁、豌豆粒放燕麦饭中，再将鸡蛋磕入，搅拌成糊状；再加入淀粉、盐、白糖再次搅拌均匀。③锅内倒油烧热，放入洋葱圈，将燕麦糊淋入洋葱圈内，煎至两面金黄即可。

上汤娃娃菜

材料：娃娃菜350克，皮蛋30克，青椒、红椒、胡萝卜各50克，蒜瓣5克，水淀粉、鸡汤各适量。

做法：①娃娃菜洗净，皮蛋切丁，青椒、红椒、胡萝卜洗净、切丁。②锅内倒油烧热，爆香蒜瓣，放入鸡汤，烧开后放入娃娃菜至变软捞出装盘。③将皮蛋丁、青椒丁、红椒丁、胡萝卜丁放入鸡汤中煮1分钟，汤中加入水淀粉勾芡，捞出放在娃娃菜上即可。

还可以吃什么?

推荐套餐二：落花生淮山粥+馒头+姜爆黄瓜丁+彩椒牛柳

推荐套餐三：扬州炒饭+萝卜清胃汤+辣酱烧黄辣丁+香菇炖鸡

推荐套餐四：牛肉拉面+荷兰豆炒腊肉+南瓜蒸肉+紫菜虾皮汤

第十五节　消除疲劳　补充糖类

通过饮食预防慢性疲劳综合征

慢性疲劳综合征是以持续6个月以上的严重虚弱疲劳症状，常伴肌痛、头痛、咽部炎症、低热、胃肠症状和淋巴结触痛为特征的疾病。中学生学习压力大，又缺乏锻炼，是慢性疲劳综合征的高发人群，而这可以通过健康合理的饮食加以预防和缓解。

摄入适量维生素C和B族维生素

维生素C具有较好的抗疲劳功效，人体若缺乏维生素C就会出现体重减轻、四肢无力、肌肉关节疼痛等症状。另外，想要缓解甚至消除疲劳，还要积极摄取B族维生素，它是糖类和脂肪向能量转化过程中必需的成分，尤其是维生素B_1和维生素B_2更不能缺乏。想要补充这两种B族维生素，可以多吃番茄等新鲜蔬果及肉类。

饮食种类要多样化，重视糖类的摄入

要做到饮食多样化，以保证糖类、蛋白质、脂肪三大能量物质的摄入。其中，糖类是能量的主要来源，人体所有器官的运行，尤其是大脑，都需要消耗能量。每天约65%的能量都要依靠糖类来补充。乳制品和豆制品都是很好的蛋白质及脂肪来源，应每天适量摄入。

铁

铁是红细胞的基本成分，红细胞可以向身体的所有器官供氧。缺铁易导致贫血，表现为极度疲乏，所以中学生要适量多食用含铁的食物，如动物肝脏、菠菜、瘦肉等。

缓解眼疲劳

眼疲劳困扰着很多中学生，想要缓解眼疲劳，可以多摄入富含花青素、叶黄素、各种维生素的食物，如葡萄、番茄、胡萝卜、燕麦、坚果等，可以保护视力、缓解眼疲劳、减少眼部充血。

按压气海穴能缓解疲劳

快速取穴：从肚脐中央向下量1.5寸①处即是气海穴。

①：寸指同身寸。

按摩方法：用拇指或食指指腹按压气海穴3～5分钟，力度适中。

穴位功效：有增强体质、改善全身疲劳的作用。

早餐小推荐

推荐套餐一：牛奶蒸蛋羹+腊肠年糕+拌心里美萝卜+葡萄

中学生学习任务很重，早上早起很容易出现精神疲劳，这容易影响孩子一天的学习，所以父母除了让孩子学会劳逸结合外，还要在饮食上多做一些能缓解孩子精神疲劳的菜肴，这样有利于孩子更好地学习。

提前准备：洗净食材，沥干水分放入冰箱冷藏。

快速早餐：先蒸上牛奶蒸蛋羹，然后将腊肠切片，青椒和胡萝卜切片，爆香葱段，炒软年糕。这时可以将心里美萝卜处理一下，切丝，在炒软年糕的锅中加腊肠片、青椒片、胡萝卜片炒熟，接着将心里美萝卜丝和作料拌匀即可，然后蛋羹也正好蒸好了，洗一串葡萄一起上桌吧。

牛奶蒸蛋羹

材料：鸡蛋2个，鲜牛奶80克，虾仁25克，盐3克，香油1克。

做法：①鸡蛋打入碗中，加鲜牛奶、盐搅匀；虾仁洗净。②鸡蛋液倒入蒸锅大火蒸约2分钟，此时蛋羹已略成形，将虾仁摆放在蛋羹上面，改中火再蒸8分钟，最后出锅淋上香油即可。

腊肠年糕

材料：腊肠100克，年糕片200克，青椒100克，胡萝卜50克，葱段20克，盐适量。

做法：①腊肠切片；青椒洗净，去蒂及籽后切片；胡萝卜洗净切片。②锅内倒食用油烧热，爆香葱段，放年糕片，加少许水，炒软年糕。③放腊肠片、青椒片、胡萝卜片，炒至熟透，加盐调味即可。

还可以吃什么?

推荐套餐二：燕麦大米豆浆+烧饼+蒜蓉空心菜+香蕉

推荐套餐三：黑红绿豆糊+生煎包+西芹百合+苹果

推荐套餐四：三鲜馄饨+菠菜炒豆腐干+橘子

外带10点加餐：腰果

外带15点加餐：猕猴桃

晚餐小推荐

推荐套餐一：陕西肉夹馍+紫菜虾滑汤+肉丝炒胡萝卜+坚果大拌菜

经过一天紧张的学习，晚餐时中学生是非常疲惫的，这时父母要是为孩子准备一些可以缓解孩子精神紧张的晚餐，会受到孩子的喜欢。

提前准备：虾滑可以提前做好，放冰箱里冷冻，用的时候直接煮熟就可以了。

快速晚餐：可以提前做好肉夹馍的面饼或者直接买好，先把五花肉炖上，然后准备其他食材，依次做好坚果大拌菜、肉丝炒胡萝卜、紫菜虾滑汤，此时五花肉也熟了，剁成肉末加到面饼里，一起来吃饭吧!

陕西肉夹馍

材料：面饼300克，五花肉300克，尖椒1个，香菜适量，料酒、酱油、醋各15克，葱末、姜片各10克，白糖、盐各5克，花椒2克。

做法：①五花肉洗净、切块、焯烫。②锅内倒油烧至六成热，爆香葱末、姜片、花椒，放五花肉块、酱油、料酒、白糖、盐翻炒，倒入砂锅中，加水烧开，转小火炖50分钟，肉炖烂即可。③炖好的肉捞出，加入适量尖椒一起剁碎备用。④面饼从中间切一刀片开，将五花肉碎和尖椒、香葱、香菜拌在一起，加入面饼内即可。

紫菜虾滑汤

材料：大虾200克，玉米粒15克，紫菜10克，鸡蛋2个，水淀粉、盐、胡椒粉、葱花、香油适量。

做法：①紫菜泡发，大虾去壳后剁成蓉，放入适量水淀粉，再加入1个蛋清和玉米粒顺时针搅拌上劲，备用。②锅中烧水，将搅拌均匀的虾滑用勺子做成丸子状放入锅中。③虾滑在锅中煮变色后加入紫菜，鸡蛋打散后淋到汤里，煮10分钟左右，最后放入少许盐、香油，撒上葱花即可。

还可以吃什么？

推荐套餐二：牛奶大米粥+土豆丝卷饼+蒜蓉空心菜+香煎秋刀鱼

推荐套餐三：鸡蛋炒饭+草菇烩豆腐+肉末茄条羹+香菇焖鸡

推荐套餐四：香芹肉丁拌面+茄汁鲢鱼+双菌汤+炝炒圆白菜

第十六节 感冒时的小妙招

多喝开水和多吃流质食物

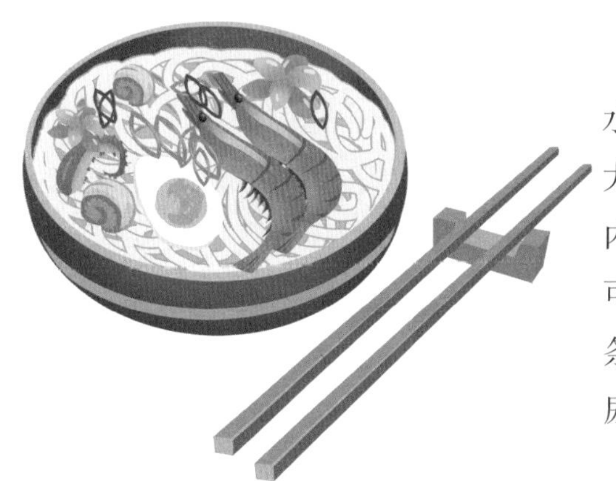

感冒的孩子因发热出汗，体内的水分流失较多，需及时补水。同时，大量饮水可以增进血液循环，加速体内代谢废物的排泄。此外，在饮食上可以多吃流质食物，如汤、粥、面条、果蔬汁等，既好消化又能促进排尿，促进代谢。

维生素C能有效缓解感冒

维生素C具有抗氧化的作用，可以抑制病毒对机体细胞的伤害。而且，维生素C具有抗菌作用，可增加白细胞的数量及活性，增强免疫功能，对抗自由基对人体组织的破坏，协助减轻感冒症状。补充维生素C可以多吃柠檬、橘子、橙子、番茄、猕猴桃等水果，也可以将这些水果制成果汁饮用。不同类型感冒的饮食方法见表7–4。

表7–4　不同类型感冒的饮食方法

感冒类型	病因	症状	饮食特点
病毒性感冒	病毒感染	打喷嚏、鼻塞、流鼻涕、咽干、咽痛、咳嗽、声音嘶哑；头痛、浑身酸痛、食欲缺乏等	多喝白开水，多吃含维生素C的蔬菜
风寒感冒	外感风寒，如淋雨受凉等	恶寒重、发热轻，鼻塞声重，流涕清稀，咳嗽痰多、痰清稀，无汗、头痛，肢体酸痛，脉浮紧	多吃可以促进出汗、散寒疏风的食物，多喝点姜糖水
风热感冒	风热侵袭肌表，疲劳受累	发热重，恶寒轻，头身疼痛，鼻塞，流浊涕，咳嗽、痰黄，口干渴，咽喉红肿疼痛	多吃清热解毒的食物，忌吃肥甘厚味、辛热的食物。感冒后期可以多吃一些开胃健脾、调补正气的食物

按压风池穴，能清热疏风

快速取穴：风池穴位于胸锁乳突肌与斜方肌上端之间的凹陷处，相当于与耳垂齐平的位置。

按压方法：双手抱拢头部，用双手拇指指腹按压两侧的风池穴约1分钟，至有酸、胀、麻感觉为度，以感到局部发热为止。

穴位功效：有清热疏风解表的作用，特别适合风热感冒。

早餐小推荐

推荐套餐一：蔬菜粥+黑木耳鸡蛋羹+红油鸡丝拌粉皮+猕猴桃

青春期的孩子学习繁重，很容易导致身体免疫力下降，所以为孩子准备一顿可以预防感冒的早餐很有必要，可以适当多吃些蔬菜、黑木耳、鸡肉、猕猴桃等，既可以帮助孩子预防感冒，还可以为孩子提供丰富的营养，让孩子更好地学习。

提前准备：木耳提前泡发，清洗食材。

快速早餐：先淘洗大米，煮蔬菜粥，在这过程中可以做鸡蛋羹，然后把煮熟的鸡腿肉撕成丝拌粉皮，拌完粉皮，粥也差不多好了。这时候取出蒸好的鸡蛋羹，一顿预防感冒的丰盛早餐就做好了。

一起来做菜

黑木耳鸡蛋羹

材料：水发黑木耳100克，鸡蛋2个，枸杞3克，盐、葱花、香油各适量。

做法：①鸡蛋打散，加入少量清水、盐继续搅拌；水发黑木耳切碎。②蛋液中加入黑木耳碎搅拌，然后撒上葱花、枸杞，淋入香油。③蒸锅加水，烧沸腾之后再把碗加盖放入蒸锅蒸，大火蒸7分钟左右即可。

红油鸡丝拌粉皮

材料：鸡腿肉80克，粉皮150克，黄瓜、胡萝卜各50克，熟花生碎15克，红油30克。

做法：①胡萝卜、黄瓜分别洗净，切丝；粉皮切成长片，装盘。②锅置火上，加入冷水，放入鸡腿肉煮熟后捞出；鸡腿肉晾凉后，撕成丝。③将鸡腿肉丝、黄瓜丝、胡萝卜丝放在粉皮上，再将红油淋在上面，最后洒上熟花生碎即可。

还可以吃什么？

推荐套餐二：绿豆银耳大米粥+麻酱花卷+香菇油菜+猕猴桃

推荐套餐三：虾皮黄瓜汤+鸡蛋饼+卤鸡腿+苹果

推荐套餐四：鸡蛋三明治+虾仁西蓝花+糙米米糊+橘子

外带10点加餐：苹果

外带15点加餐：杏仁

晚餐小推荐

推荐套餐一：金银卷+照烧香菇豆腐+酸甜洋葱+牛奶南瓜羹

孩子感冒了，又经过一天繁重的学习，一定很难受，晚上可用香菇、豆腐、洋葱等给孩子做一顿美味的佳肴，既可以帮助孩子赶走感冒，还能缓解孩子学习的劳累感，为孩子第二天提供活力。

提前准备：清洗食材，沥干水分放入冰箱冷藏。

快速晚餐：先把金银卷的面团和好发酵，再将香菇和胡萝卜处理一下，然后把金银卷和南瓜一起蒸熟。这时可以处理洋葱，做酸甜洋葱，再做好照烧香菇豆腐，金银卷和南瓜蒸好后用搅拌机打匀南瓜羹，这样，荤素搭配合理、营养丰富、可以缓解感冒的晚餐就做好了。

金银卷

材料：面粉200克，玉米面100克，酵母、水适量。

做法：①酵母放温水里搅拌均匀，与面粉和成面团，发酵。②玉米面用70℃的热水烫一下，不太烫了后加酵母和面饧发。③面团揉光滑，揉好后再饧发10分钟，最后擀成饼状。④玉米面拍成饼状，均匀地铺在面团上，轻轻卷起，用刀切成小卷。⑤金银卷二次发酵后，放入锅中蒸15分钟。

照烧香菇豆腐

材料：北豆腐250克，鲜香菇100克，照烧酱30克，姜末5克。

做法：①将北豆腐切成长方形的片；香菇洗净去蒂。②锅置火上，倒油，烧热，放入豆腐片以小火煎至金黄盛出；锅内放入香菇，以小火煎干水分。③将豆腐、姜末再次放入锅中，倒入照烧酱，以小火炖至汤汁变稠即可。

酸甜洋葱

材料：洋葱250克，番茄酱20克，蒜末5克，盐4克。

做法：①将洋葱剥去皮洗净，切成片。②锅内倒油烧热，爆香蒜末，放入洋葱炒至发软，放入番茄酱、加盐翻炒均匀即可。

还可以吃什么?

推荐套餐二：二米饭+番茄炒蛋+萝卜丝鲫鱼汤+牛蒡炒肉丝

推荐套餐三：金银卷+豆豉鲮鱼油麦菜+荸荠鸡翅+川贝炖雪梨

推荐套餐四：香菇滑鸡粥+芝麻牛肉馅饼+鸡蛋炒韭菜+香麻豆腐干

第十七节　苗条不节食

不少孩子进入青春期之后开始对身材产生焦虑，为了保持身材苗条过分节食，过分相信一些不靠谱的减肥方法，反而造成身体免疫力下降、激素水平紊乱、代谢能力下降，不仅不能减肥还对身体造成很大伤害。这时就需要家长们对孩子进行正确引导，帮助孩子变得既苗条又健康。

选择低能量食物

低能量食物是指含脂肪、糖类较少的食物，这些食物进入人体后，所释放的能量相对较低，想保持身材苗条的孩子在保证身体所需能量的前提下可食用。一般而言，新鲜天然食物要比经过加工的食物能量要低，如麦片要比加工零食、糕点的能量低，而果汁的能量要高于新鲜的水果。

多吃饱腹感强的食物

膳食纤维有很强的吸水能力，可以增加胃内容物容积而增加饱腹感，从而减少摄食物的摄入，有利于控制体重。膳食纤维还能够增进孩子肠道蠕动，让排便更顺畅，预防便秘。膳食纤维主要来源于植物性食物，如谷类的麸皮、糠，蔬果中的大量纤维素和果胶等。从小培养孩子吃蔬果、粗粮、薯类的习惯，对于保护肠道健康有很大益处。富含膳食纤维的食物有豆类及其制品、燕麦、荞麦、高粱米、芹菜、苹果等。

维生素帮孩子“燃烧”脂肪

青春期的孩子想要保持好身材，一定不能少了维生素的参与，它们可以帮助人体燃烧脂肪，达到减肥的目的。如B族维生素和维生素E可以促进新陈代谢，加速脂肪转化成能量的过程，有效防止脂肪堆积。维生素C能够促进脂肪代谢，减少中性脂肪。

维生素C的主要来源是新鲜的蔬果等，可以适量多吃。维生素E的主要来源是坚果类和植物油，应控制好摄入量，以免摄入能量过多。更应注意的是，B族维生素的主要来源之一是肉类，建议吃肉类食物时多选择炖、煮的方式，少选择油炸的方式。另外，吃肉类食物的时候要去皮，且在烹调前先焯水，这样可以减少脂肪的摄入量。

严格控制脂肪和糖的摄入量

油炸食品、动物油、人工奶油、起酥油等含有很多饱和脂肪酸和反式脂肪酸的食物最好不吃或少吃。鸡蛋、全脂牛奶等含有饱和脂肪较多的食物要限制摄入量。糕点等甜食以及含糖量高的水果也要少吃。

少食多餐

每天三餐的时间要固定，同时可以在上午10点和下午3点左右分别增加一餐，可以吃高营养的食物，像牛奶、麦片、水果、坚果等，这样可以避免因为过于饥饿导致下一餐吃得过多，造成能量过剩。

此外，每顿饭都很重要。很多想减肥的孩子会省略晚餐或者只吃早餐，这些都是不对的，饥一顿饱一顿会让身体习惯性地储存脂肪，造成脂肪堆积。一般来讲，一日三餐的能量摄入比例是：早餐占全天总能量的25%～30%，午餐占全天总能量的30%～40%，晚餐占全天总能量的30%～40%。

细嚼慢咽

吃饭过快也容易造成肥胖。因为食物进入人体后，过一会儿才能被消化，大脑才能感知饥饱，从而发出继续吃或者停止吃的指令，而当吃得过快的时候，大脑不能及时感知到饥饱，等感知到饱了并发出停止吃的指令时早已吃得过饱了。

早餐小推荐

推荐套餐一：荷兰豆炒鸡柳+香煎豆渣饼+燕麦豆浆

青春期的孩子除了学习外，开始更加关注自己身体的外观美感了，但是不能通过节食的方法达到瘦身的目的。因为那样既影响健康，也影响学习，所以这时父母可以为孩子准备一些有利于瘦身的早餐。

提前准备：提前把黄豆用清水泡好，清洗食材，放入冰箱冷藏。

快速早餐：豆渣饼和豆浆可以用到黄豆，所以黄豆多放一点，豆浆做浓一点，过滤出的豆渣就可以用来做豆渣饼了，最后做荷兰豆炒鸡柳，一顿早餐就做好了。

荷兰豆炒鸡柳

材料：荷兰豆100克，胡萝卜50克，鸡胸肉100克，鸡蛋清1个，姜片、盐、料酒、植物油适量。

做法：①荷兰豆清洗干净，胡萝卜去皮切片，分别入沸水断生；鸡胸肉洗净切条，加入鸡蛋清、料酒抓匀，腌制15分钟。②锅中倒少许油，热锅，煸香姜片，加入鸡胸肉条翻炒至变色。③放入焯烫好的胡萝卜片和荷兰豆，翻炒均匀，加入少许盐就可以出锅了。

香煎豆渣饼

材料：青菜2棵，面粉、豆渣各100克，鸡蛋黄1个，盐2克，植物油少许。

做法：①青菜洗净，切成碎末。②把青菜碎、豆渣、面粉和鸡蛋黄一起放到大碗里，加适量清水和盐搅拌成稀软的面团。③平底锅刷上少许油，手上沾上少许清水，揪下小面团团成一个个的小饼，煎至两面金黄就可以出锅了。

还可以吃什么？

推荐套餐二：牛奶燕麦粥+南瓜饼+芹菜拌腐竹+火龙果

推荐套餐三：南瓜紫菜蛋花汤+青菜虾皮包子+香菇炒茭白+菠萝

推荐套餐四：红枣燕麦黑豆粥+蒸玉米段+虾仁拌西蓝花+樱桃

外带10点加餐：酸奶

外带15点加餐：苹果

晚餐小推荐

推荐套餐一：燕麦米饭+莲藕炖排骨+蒜拌西蓝花+南瓜紫菜蛋花汤

现代生活忙碌，很多家庭都是晚餐非常丰富，大鱼大肉，但营养均衡和膳食合理搭配才能促进孩子身体的全面发育哦。

提前准备：清洗燕麦，放入清水中浸泡一天，其他食材清洗干净，沥干水分放冰箱冷藏。

快速晚餐：将大米淘洗干净后和泡好的燕麦、适量清水并放入电饭煲煮，再做莲藕炖排骨，焯烫西蓝花，最后做南瓜紫菜蛋花汤，汤好了就可以一起上桌吃饭啦！

燕麦米饭

材料：燕麦100克，大米150克。

做法：①提前一天将燕麦淘洗干净浸泡；大米淘洗干净。②将燕麦和大米放入电饭煲中，加入适量清水，按下煮饭键，待米饭熟再焖10分钟即可。

南瓜紫菜蛋花汤

材料：南瓜100克，鸡蛋1个，紫菜3克，盐2克，香油1克。

做法：①南瓜洗净后，切成小片；紫菜泡发；鸡蛋打散。②把南瓜片放入沸水锅中煮熟。③放入紫菜，再煮10分钟，倒入打好的蛋液，慢慢搅散，出锅前放入盐和香油调味即可。

还可以吃什么?

推荐套餐二：凉拌荞麦面+肉片炒菜花+山药木耳+苦瓜萝卜汤

推荐套餐三：牛奶燕麦粥+紫薯包+糖醋胡萝卜丁+彩椒牛柳

推荐套餐四：刀切馒头+秋葵鸡丁+黄瓜炒肉+白菜豆腐汤

第十八节　怎么应对肥胖

增加高膳食纤维食物的摄入

富含膳食纤维的食物既可以让中学生吃饱，还能促进肥胖的中学生减肥。肥胖的中学生要借助限制饮食的方法治疗，但中学生活动量较大，如果进食的总量减少，容易出现疲乏无力、精神不振的症状。如果增加膳食纤维食物的摄入，那么既可以使中学生减少饥饿感，还能防止进食能量过高。

早餐要认真吃

早餐对身体健康是很重要的，且认真吃早餐有助于中学生肥胖的治疗，搭配合理的早餐能让中学生上午精力充沛，减少午餐的进食量，进而防止中学生午餐摄入能量过量，从而达到减肥的目的。

晚餐要少吃

很多家庭因为早餐和午餐时间紧，就把晚餐做得非常丰盛，很容易出现晚餐吃得过多的情况。而中学生晚上活动量小，能量消耗低，如果摄入大量能量很容易造成脂肪堆积。有些中学生还有吃夜宵的习惯，吃完后马上睡觉，这样更会加重肥胖。

晚餐少吃并不是晚餐吃很少或者完全不吃，而是减少高能量、高脂肪的食物。高能量、高脂肪食物很容易造成脂肪过度堆积，为了改善中学生肥胖，晚餐一定要清淡饮食，忌食高能量、高脂肪食物。高能量、高脂肪食物有肥肉，猪肝，牛油，油炸、油煎的食物等。

忌食高“添加糖”食物

“添加糖”也就是我们各种食品中添加的白砂糖、果糖、蔗糖等，不是天然存在于食物中的。中国营养学会推荐，每天“添加糖”的摄入量不应超过50克，最好控制在25克以下。如果人体摄入的糖过多，多余的能量会转化为脂肪堆积在体内，从而导致肥胖。所以肥胖的中学生要忌食高“添加糖”食物，如糖果、蛋糕、蜜饯、奶油等。

忌食高盐食物

高盐食物吃了会引起口渴，进而增加水分的摄入，会造成体内水潴留，不利于对肥胖的治疗。所以中学生肥胖的人一定要坚持清淡饮食，这样才能有利于减肥。

应多采取蒸、煮或凉拌的方式烹调食物

父母给肥胖的孩子做饭的时候，尽量采取蒸、煮或凉拌的方式烹调，不让孩子吃糖果、甜糕点、饼干等甜食，尽量少让孩子吃淀粉含量高的食物，如面包和土豆，少让孩子吃脂肪含量高的食物，如肥肉。可适量增加高蛋白质食物，如豆制品、瘦肉等。

减肥方法大揭秘

有一位家长分享：我家孩子食欲很好，每天都吃得很多，肥、瘦肉都不排斥，结果身体越来越胖，后来成了“小胖墩儿”。这样下去可不行啊，肥胖对孩子生长发育甚至以后的健康可不好。后来我就每天让他喝碗冬瓜汤，少吃肥肉，多出去动动。坚持了2个月，足足减轻了10斤。

肥胖的孩子经常会因为动作笨拙和活动后易累而不愿意锻炼，这时父母可以鼓励孩子选择喜欢的运动，如晨起跑步、散步、做操等，每天至少坚持运动30分钟，运动以运动后轻松、不感到疲劳为原则。

运动要循序渐进，不要操之过急，如果运动后疲惫不堪、心慌气促、食欲大增则表明运动过度了。

早餐小推荐

推荐套餐一：鸡蛋玉米羹+凉拌莴笋丝+紫米面发糕+小黄瓜

青春期的孩子经常会出现肥胖的情况，这就需要家长在为孩子准备早餐的时候，除了考虑到补充孩子一天学习所需营养素外，还要添加一些有利于减肥的食材，如黄瓜、莴笋、芹菜等，可以让孩子在不节食的情况下，达到减肥的效果。

提前准备：提前发酵紫米面面团。

快速早餐：先把发酵好的紫米面面团蒸上；再处理玉米粒、鸡蛋，做蛋羹，接着处理莴笋丝，做凉拌莴笋丝，此时紫米面发糕也蒸好了，这样一顿具有减肥功效的早餐就做好了。

鸡蛋玉米羹

材料：鸡胸肉100克，玉米粒50克，鸡蛋1个，盐2克。

做法：①鸡胸肉洗净、切丁，鸡蛋打成蛋液备用。②把玉米粒、鸡肉丁放入锅内，加入适量水，大火煮开，撇去浮沫煮熟。③将鸡蛋液沿着锅边倒入，一边倒入，一边慢慢搅动，煮熟后加少许盐调味，出锅即可。

凉拌莴笋丝

材料：莴笋300克，醋10克，盐、白糖、鸡精、香油各3克。

做法：①莴笋去叶削皮，切成细丝。②将莴笋丝放入容器，放入盐、白糖、醋、鸡精、香油拌匀即可。

还可以吃什么？

推荐套餐二：手撕饼+西芹百合+白菜豆腐汤+小番茄

推荐套餐三：玉米面窝头+牛奶蛋羹+虾仁炒冬瓜+苹果

推荐套餐四：阳春面+番茄炒蛋+五谷豆浆+柚子

外带10点加餐：核桃

外带15点加餐：黄瓜

晚餐小推荐

推荐套餐一：绿豆芽猪肉馄饨+番茄炒冬瓜+白灼大虾+蒸玉米

如果孩子肥胖，很多家长会采取让孩子晚上节食的方法帮助孩子减肥，但是这是不明智的选择。正确的做法是家长可以通过给孩子吃些有利于减肥的食材帮助孩子减肥，这样既能达到瘦身的目的，还不会因为控制体重影响孩子营养素的吸收。

提前准备：大虾买回来之后处理干净，放到冰箱里冷藏，馄饨提前包好冷冻。

快速晚餐：先把要用到的食材都清洗干净，再蒸玉米，在煮大虾的同时做好炒冬瓜，最后另起锅烧水，水开后煮上一锅小馄饨，丰盛的减脂餐就做好了。

绿豆芽猪肉馄饨

材料：馄饨皮250克，瘦猪肉100克，绿豆芽150克，海米30克，虾皮3克，香菜末、香椿末各10克，生抽5克，盐2克，香油、鸡精少许。

做法：①海米用清水发透；绿豆芽洗净，取100克切末。②猪肉剁碎，加入绿豆芽末、海米、生抽、香油、盐、鸡精搅匀，制成馅料。③取馄饨皮，包入馅料，做成馄饨生坯。④锅内加清水烧开，加剩余50克绿豆芽煮开，加胡椒粉、盐、鸡精、香菜末、香椿末、虾皮调成汤汁。⑤另起锅，加清水烧开，下入馄饨生坯煮熟，用漏勺捞入调好的汤汁中即可。

番茄炒冬瓜

材料：冬瓜400克，番茄100克，葱花5克，盐2克，鸡精适量。

做法：①番茄洗净，去皮，切成薄片。②冬瓜去皮和内瓤，洗净，切成薄片。③锅内倒油烧热，爆香葱花，放冬瓜片炒至七成熟，放入番茄片翻炒至熟，加盐、鸡精皆可。

还可以吃什么？

推荐套餐二：糙米饭+番茄炒蛋+虾仁西蓝花+萝卜丝紫菜汤

推荐套餐三：金银卷+豆豉鲮鱼油麦菜+番茄牛腩+虾皮豆腐汤

推荐套餐四：玉米面窝头+香菇油菜+鸡蛋虾皮炒韭菜+番茄冬瓜汤

第十九节　便秘，膳食纤维和水来“解救”

膳食纤维十分重要

膳食纤维可以润肠通便，促进消化液分泌，有利于营养的吸收，增加食物残渣，扩充粪便体积，有助于规律排便，缩短有毒物质在体内的存留时间，减少便秘的发生。胃肠不好的孩子如果难以消化谷类和薯类的膳食纤维，可以用绿叶蔬菜和新鲜水果来代替。膳食纤维的分类见表7–5。

表7–5　膳食纤维的分类

分类	常见类型	功效	食物来源
非水溶性膳食纤维	纤维素、半纤维素、木质素	促进胃肠蠕动、加速排便	谷物、豆类及其制品、蔬菜的茎叶
水溶性膳食纤维	果胶、树胶	增加粪便体积、增加结肠运动	菌菇类、水果、蔬菜

膳食纤维与水协同作用效果佳

首先，孩子吃完富含膳食纤维的食物后最好喝杯白开水，可以促进食物中可溶性膳食纤维的溶解和膨胀，这样能更好地发挥其作用。其次，多喝水适用于各种类型的便秘，利于通便。孩子可以每天晨起空腹喝淡盐水或蜂蜜水，也可以选择果汁、菜汤等，增加肠道内水分，利于保持肠道通畅。

建议孩子膳食纤维每天的摄入量为25～35克。常见食物膳食纤维含量见表7–6。

表7–6　常见食物膳食纤维含量（每100克可食部分膳食纤维含量）

食物	含量/克	食物	含量/克	食物	含量/克	食物	含量/克
银耳	30.4	口蘑	17.2	黄豆	15.5	红豆	12.7
黑豆	10.2	山药	1.4	茼蒿	1.2	大白菜	0.8

膳食纤维的摄入不可贪多

很多家长认为加大膳食纤维的摄入量，就能帮助孩子达到促进排便的目的。然而，摄入过多膳食纤维对孩子的身体健康并非好事。因为当孩子膳食纤维摄入过量时，易出现腹痛、腹泻等不适，还会造成钙、铁、锌等重要矿物质和一些维生素的流失，甚至反而造成便秘，进而影响孩子的健康。

润肠和产气食物可适当摄入

孩子适量进食一些含油脂的食品，如核桃仁、芝麻等坚果，有润肠通便的作用。另外，像豆类、薯类等产气食物在进入肠道后，经分解能够产生大量的气体，从而鼓胀肠道，增加肠蠕动。所以，孩子也可以适量吃些产气的食物。

便秘孩子应远离的食物

辛辣食物：韭菜、生姜、芥末、大蒜、辣椒、肉桂等。

刺激性食物：酒、浓茶等。

温热性水果：石榴、荔枝、榴莲等。

油炸食物：油条、油饼、炸糕、炸鸡腿等。

其他：饼干、糖炒栗子、黑芝麻粉等炒制、烤制食物。

早餐小推荐

推荐套餐一：鸡蛋大虾沙拉+糖醋藕片+什锦糙米粥+猕猴桃

孩子学习任务比较繁重，如果喝水少，活动量少，就很容易出现便秘的情况，这时家长可以为孩子准备一些预防和缓解便秘的早餐。可以多吃些富含膳食纤维的食物，既可以让孩子远离便秘的烦恼，又能补充丰富的营养，让孩子更好地学习。

提前准备：淘洗糙米、糯米，浸泡一晚上。处理鲜虾，洗净去壳。

快速早餐：先处理扁豆、胡萝卜、菜花、肉丝等，然后熬粥，这时可以做鸡蛋大虾沙拉，然后可以处理莲藕、青椒、红椒，快速做糖醋藕片，基本等粥熟时，糖醋藕片也做好了。

什锦糙米粥

材料：糯米、糙米各50克，胡萝卜、扁豆、菜花、瘦猪肉丝各30克，香菇2朵，盐2克，胡椒粉适量。

做法：①前一天晚上将糙米、糯米洗净，浸泡。②所有材料洗净，胡萝卜、扁豆、香菇切小丁，菜花掰成小朵，瘦猪肉丝用盐、胡椒粉拌匀。③锅内倒适量清水烧沸，放糙米、糯米，大火煮沸后转小火煮30分钟，放余下材料煮熟，加盐即可。

糖醋藕片

材料：莲藕300克，青椒丝、红椒丝各80克，白糖10克，白醋5克，盐2克，花椒1克，水淀粉、香油适量。

做法：①莲藕去皮洗净，切片。②锅内倒油烧热，爆香花椒粒，捞出不要，放藕片略炒，再放入白醋、白糖、盐，加清汤烧至汤汁浓稠，放青、红椒丝翻炒，用水淀粉勾芡，淋上香油即可。

还可以吃什么？

推荐套餐二：胡萝卜西芹鸡肉粥+馒头+肉丝胡萝卜+苹果

推荐套餐三：香煎豆渣饼+南瓜蒸肉+香芹豆干+香蕉

推荐套餐四：紫薯包+白菜豆腐汤+木须肉+橘子

外带10点加餐：红枣

外带15点加餐：猕猴桃

晚餐小推荐

推荐套餐一：藜麦饭+鱼香肉丝+蒜蓉白菜+番茄洋葱鸡蛋汤

繁重的学习加上便秘的困扰，孩子一定非常烦躁，孩子吃着家长亲手做的可以缓解便秘的晚餐，感受着幸福，一定会忘记便秘带来的麻烦，幸福地享受丰盛的晚餐！

提前准备：洗净白菜，切片，加盐腌渍，将猪腿肉洗净，切丝，用作料腌渍。

快速晚餐：先将白菜洗净，切片，加盐腌渍5分钟，这时将鱼香肉丝的味汁调好备用，蒸好藜麦饭。将腌渍好的白菜稍微挤一下水分，用蒜蓉、植物油拌匀码入盘中，上锅蒸3分钟，再依次做好鱼香肉丝和番茄蛋花汤。

鱼香肉丝

材料：猪腿肉丝200克，嫩笋丝100克，鸡蛋1个，盐、醋、白糖、葱花、蒜末、姜末各2克，酱油、水淀粉各8克。

做法：①猪腿肉丝用作料腌渍好。②将盐、白糖、酱油、醋、水淀粉调成味汁待用。③锅内倒油烧热，放肉丝炒至断生，锅留底油烧热，爆香葱花、姜末、蒜末，放嫩笋丝、猪腿肉丝翻炒，倒调味汁炒匀即可。

蒜蓉白菜

材料：白菜200克，蒜蓉20克，植物油、盐、鲍鱼汁各适量。

做法：①白菜洗净，切成片，加盐拌匀腌渍5分钟，待变软后用手稍微挤一挤水分，加蒜蓉、植物油拌匀，码入盘中。②将盘子入蒸锅蒸3分钟，取出趁热倒入鲍鱼汁拌匀即可。

还可以吃什么？

推荐套餐二：绿豆芽肉丝炒面+清炒魔芋丝+芹叶豆腐羹+海米冬瓜汤

推荐套餐三：芹菜粥+馒头+豆皮素菜卷+牡蛎蒸蛋

推荐套餐四：莲藕大米粥+南瓜饼+木须肉蒜蓉油菜

第二十节　青春期抑郁这样吃

补充蛋白质的摄入

蛋白质可以促进人体多巴胺分泌，提高人的警觉性，振奋精神。中学生补充富含蛋白质的食物，既能提高身体免疫力，又能缓解疲劳，振奋精神。可以多吃黄豆及豆制品、鱼肉、全麦食物等。

减少高脂肪、高能量食物的摄入

高脂肪、高能量的食物摄入过多会导致孩子的行动迟缓、思维缓慢、身体疲劳等，所以有抑郁情绪的中学生应减少高脂肪、高能量食物的摄入，多吃清淡有营养的食物。

增加维生素和矿物质的摄入量

充分摄入维生素和矿物质能帮助改善情绪、镇静神经，多吃富含维生素和矿物质的食物，能缓解中学生紧张情绪，振奋精神，改善抑郁情绪。多吃新鲜蔬果、谷类食物及豆制品等能促进人体对维生素和矿物质的吸收。

多食用红色、黄色、橙色蔬果

红色蔬果富含铁质，能够补血、改善焦虑情绪，如大枣、苹果、樱桃、番茄等。黄色、橙色蔬果富含维生素C及β-胡萝卜素，能帮助清除体内毒素、强化消化系统、改善视力，如玉米、香蕉、柑橘等。另外，这些蔬果颜色鲜亮，对改善心情也有一定好处。

补充富含镁的食物

镁是人体不可缺少的元素，能维持人体神经系统的正常功能。补充含镁的食物能镇定神经、缓解焦虑情绪。富含镁的食物有麦芽、全麦制品、糙米、蛋黄、豆类、新鲜玉米、花生、香蕉等。

补充富含色氨酸的食物

色氨酸具有抑制大脑兴奋，舒缓情绪的作用。患有焦虑症的中学生及时补充富含色氨酸的食物，能有效缓解焦虑情绪。富含色氨酸的食物有香蕉、无花果、酸奶、全麦面包、牛奶、小米粥等。

早餐小推荐

推荐套餐一：牛奶燕麦粥+松子玉米虾仁蛋饼+西芹百合+橙子

中学生很容易受到外界刺激因素的影响而出现抑郁的情况，这时需要家长多关心孩子，还要在饮食上做一些有利于缓解抑郁的菜肴，帮助孩子缓解情绪，这样孩子才能更好地学习。可以适量给孩子多吃些燕麦、玉米、新鲜蔬菜等。

提前准备：用清水浸泡燕麦片，处理西芹、百合。

快速晚餐：虾仁洗净、切丁；然后锅置火上烧水；将鸡蛋打散，和松子仁、熟玉米粒、虾仁丁、面粉、盐、水搅成糊，接着用电饼铛摊松子玉米虾仁蛋饼，最后切成菱形小块；这时锅中水开了，放入燕麦片煮沸，加牛奶后就可以出锅了；接着爆香蒜末，炒熟西芹和百合，调味即可。很快晚餐就搞定了。

一起来做菜

牛奶燕麦粥

材料：牛奶1袋（约250克），燕麦片50克，白糖适量。

做法：①燕麦片放清水中浸泡10分钟。②锅置火上，倒入适量清水，大火烧开，加燕麦片煮熟，关火，再加入牛奶拌匀，最后调入白糖拌匀即可。

松子玉米虾仁蛋饼

材料：松子仁30克，熟玉米粒100克，虾仁丁75克，鸡蛋2个，面粉200克，油、盐适量。

做法：①鸡蛋磕开，打散；松子仁、玉米粒、虾仁丁、面粉、盐、蛋液、水搅成糊。②电饼铛放油烧热，舀入搅匀的糊摊匀，煎至两面熟，切菱形小块即可。

还可以吃什么？

推荐套餐二：小米红枣粥+三明治+翡翠金针菇+樱桃

推荐套餐三：山楂红枣莲子粥+莴笋炒胡萝卜+金银馒头+苹果

推荐套餐四：山药红枣豆浆+吐司面包+拍黄瓜+大枣

外带10点加餐：香蕉

外带15点加餐：杏仁

晚餐小推荐

推荐套餐一：培根玉米炒饭+熘鱼片+炝拌笋丝+干贝豆腐汤

当孩子出现青春期抑郁的情况时，很多的家长都十分担心，不知道该如何帮助孩子。其实，孩子出现青春期抑郁了，除了必要的心理开导外，还可以通过日常的饮食进行调理，效果也是很不错的哦！

提前准备：木耳提前泡发，草鱼洗净切片，加淀粉、料酒上浆抓匀。

快速晚餐：先将芹菜洗净，切丁；培根切小块；玉米粒洗净，锅内倒油烧热，炒熟上述食材，再加米饭和作料调味即可。接着用锅烧水，也处理一下木耳。水开后我们可以焯烫一下腌渍好的鱼片和木耳、笋丝，捞出另起锅做熘鱼片，然后依次做好炝拌笋丝和汤。

培根玉米炒饭

材料：米饭200克，培根60克，芹菜40克，玉米粒20克，盐2克，葱末、胡椒粉各适量。

做法：①芹菜择除叶子，洗净切成小丁；培根切成小丁；玉米粒洗净。②锅内倒油烧热，放入葱末爆香，放入培根丁、芹菜丁、玉米粒翻炒均匀至熟透。③倒入米饭翻炒均匀，加入盐、胡椒粉调味即可。

熘鱼片

材料：草鱼一条，水发木耳20克，料酒、生抽各10克，葱丝、姜丝各5克，白糖、盐各2克，淀粉、水淀粉、香油各适量。

做法：①鱼肉洗净切片，用淀粉、料酒抓匀；木耳洗净，撕成小块，沸水焯烫。②开水煮熟鱼片。③锅内倒油烧热，爆香葱丝、姜丝，倒鱼片，加生抽、料酒、盐、白糖调味，倒入木耳翻炒均匀，加水淀粉勾芡，再加点香油即可。

还可以吃什么？

推荐套餐二：小麦粳米粥+韭菜鸡蛋蒸饺+清蒸鳕鱼+青椒炒木耳

推荐套餐三：阳春面+家常豆腐+扁豆肉丝+百合大枣汤

推荐套餐四：台湾卤肉饭+竹笋炒豆角+南瓜蒸肉+百合蛋花汤

第二十一节　近视，补充类胡萝卜素

食物要多样化，避免挑食和偏食

偏食和挑食都会造成中学生营养不良，很可能影响眼睛的正常功能，导致视力衰退。在安排中学生日常饮食时，要根据孩子的实际情况，全面合理地安排膳食，坚持粗细粮合理搭配、荤素合理搭配的原则，特别是粗粮含有较多对眼睛有良好保健作用的营养素，所以中学生早晚餐中加入一些粗粮，可以保证营养素的均衡和全面。

保证多种矿物质的摄入

钙、铬、锌、硒、铜等多种矿物质对保护视力有十分重要的作用，一旦缺乏，就会影响眼睛的正常功能，造成视力减退。所以中学生要在日常饮食中保证这些矿物质的摄入。常见矿物质作用及来源见表7–7。

表7–7　常见矿物质作用及来源

矿物质	作用	来源
钙	参与构成眼球，保持巩膜弹性	虾皮、黄豆、牛奶、豆腐和油菜等
铬	维持眼睛晶状体渗透压的平衡，预防眼球屈光度增加而近视	粗粮、红糖、牛肉
锌	维持眼内的正常代谢，维持视网膜色素上皮正常组织状态	瘦肉、动物内脏、大白菜等
硒	是抗氧化酶的组成部分，可以防止自由基对视网膜的损害，保护视力	海产品、动物内脏、瘦肉、谷类、奶制品、蘑菇、大蒜等
铜	眼球组织的重要组成部分，缺铜会损害眼肌，影响视力	猪肉、动物肝脏、芝麻、油菜、黄豆、芋头等

多摄入一些硬质的食物

常吃软食会降低人的咀嚼功能，而咀嚼对于眼部肌肉的运动有良好的帮助，所以中学生可以多吃些胡萝卜、坚果、水果等较硬的食物，既能充分活动眼部肌肉，还能提高眼睛的自我调节能力。

保证蛋白质的摄入

蛋白质有助于维持眼睛的正常功能，所以，保证蛋白质的供应，能有效维护眼睛的正常功能。中学生可以适量多摄入富含蛋白质的食物，如肉、奶、蛋等。

保证充足的维生素摄入

叶黄素对视网膜的黄斑有保护作用，如果中学生身体缺乏叶黄素，会导致视力衰退。富含叶黄素的食物有新鲜的绿色蔬菜和柑橘等。

维生素A能防止角膜干燥和退化，缓解眼疲劳，对预防中学生视力减退效果显著。富含维生素A的食物有动物肝脏、鱼肝油、蛋类等。

维生素B_1能够为视神经提供营养。富含维生素B_1的食物有米面、杂粮、豆制品、动物内脏和瘦肉等。

点按睛明穴，能疏通眼部气血

快速取穴：内眼角稍上方凹陷处即是睛明穴。

穴位功效：有疏通眼部气血的作用，可保护视力，预防中学生近视。

按摩方法：用食指指尖点按睛明穴，按时吸气，松时呼气，共36次，然后轻揉36次，每次停留2～3秒。

早餐小推荐

推荐套餐一：鸡肝小米粥+酱肉夹馒头+胡萝卜炒鸡蛋+橘子

中学生面对繁重的学习功课，加上接触各种各样的电子产品，眼睛经常处于疲劳状态，进而就会导致视力减退，如果注意不当，很容易就出现近视。这时除了生活上注意用眼的问题外，可以吃些有助于恢复视力的食物，缓解眼睛的疲劳感。

提前准备：前一天买好馒头放冰箱中备用，鸡肝洗净，腌制去腥。

快速早餐：我们先将鸡肝洗净，切条；小米淘洗干净，放入烧开水的锅中；然后将胡萝切丝；鸡蛋炒散；将馒头一分为二，放微波炉中微热，在中间加酱肉；最后将鸡肝放入粥中，煮熟加作料即可。

一起来做菜

鸡肝小米粥

材料：小米100克，鸡肝50克，葱末5克，盐3克，胡椒粉适量。

做法：①鸡肝洗净，切条；小米淘洗干净。②锅置火上，倒入适量清水烧开，接着放入小米煮15分钟，加入鸡肝条熬煮至黏稠，加葱末、胡椒粉、盐调味即可。

鸡蛋炒胡萝卜

材料：胡萝卜1根，鸡蛋2个，姜1片，小葱、食用油、盐适量。

做法：①胡萝卜去皮切丝，鸡蛋打散后用少许的盐调味拌匀；小葱切段，姜片切末；②热锅下油，爆香姜末后下胡萝卜丝，炒至断生，放少许水盖上锅盖焖煮。③最后下蛋液，鸡蛋快凝固时下葱段，用盐调味即可。

还可以吃什么?

推荐套餐二：黑豆核桃奶+吐司面包+香菇油菜+柿子

推荐套餐三：桑葚芝麻粥+花卷+洋葱炒鸡蛋+杏

推荐套餐四：枸杞桑葚粥+烧饼+胡萝卜烩木耳+苹果

外带10点加餐：杏

外带15点加餐：核桃

晚餐小推荐

推荐套餐一：菠菜炒猪肝+银鱼酱豆腐+糙米粥+胡萝卜饼

菠菜炒猪肝含有丰富的胡萝卜素、维生素A、维生素B_2等，能够保护视力，防止眼睛干涩、疲劳。糙米粥富含糖类和膳食纤维，既提供能量又顺畅肠道。胡萝卜饼含有丰富的类胡萝卜素，对孩子的视力起到保护作用。

提前准备：清洗食材，沥水后放冰箱保鲜。

快速晚餐：先用电饭锅把糙米粥煮上，再处理食材、腌渍猪肝，切碎胡萝卜，豆腐切小块。按顺序依次做胡萝卜饼、菠菜炒猪肝、银鱼酱豆腐。

胡萝卜饼

材料：胡萝卜200克，面粉100克，鸡蛋1个，牛奶、盐各适量。

做法：①胡萝卜洗净，切碎放大碗中备用。②在胡萝卜碎中加入面粉、鸡蛋、牛奶，适量盐，搅拌成浓稠的面糊。③平底锅烧热油，放入面糊，用铲子摊成小饼状，煎熟即可。

银鱼酱豆腐

材料：豆腐100克，小银鱼20克，盐2克，酱油10克，白糖3克，芝麻油少许，蒜末、葱花、洋葱末各3克。

做法：①豆腐切成长块，撒盐滤水。②小银鱼用开水烫一下，沥水。③将豆腐、小银鱼放入锅中，加入盐、酱油、白糖、葱花、洋葱末、蒜末和清水，用小火加热。④加热时将热汤浇在豆腐上，使其上下均匀受热，煮好后淋入芝麻油，盛在盘中即可。

还可以吃什么？

推荐套餐二：胡萝卜炒猪肝+三色丁炒蛋+五彩炒饭+蔬菜汁

推荐套餐三：山药珍珠丸子+香菇拌西芹+杂面薄饼+芝麻核桃露

推荐套餐四：山药炖排骨+凉拌双色萝卜+芋头饭+玉米汁

第二十二节　腹泻，多吃好消化的食物

低渣饮食是关键

很多家长认为，孩子腹泻期间应该多吃多渣食物，这样可以促进粪便形成，加快腹泻痊愈。其实，应该首先选择低渣饮食，从而减少粪便对肠道的刺激，使肠道得到充分的休息。

此外，所选择的低渣食物要富含可溶性维生素和矿物质，因为腹泻期间这些营养素会大量流失，从而导致孩子身体营养缺失，若不及时补充，会引发孩子患其他疾病。

腹泻恢复期也要坚持低渣饮食

一些家长认为当孩子腹泻完全停止后就不用继续控制饮食，恰恰相反，此时的饮食也应该遵循细、软、烂、少渣、易消化的原则，而且要少食多餐。此时，可吃些淀粉类食物，比如土豆、山药等。

及时补充水分

腹泻会造成水分流失，严重时甚至会导致脱水，所以腹泻期间一定要及时补充水分，可以选择白开水、果汁或菜汤等。

腹泻不适宜选择的饮食

市场上有售的含糖饮料有碳酸饮料、甜果汁饮料、甜茶等，都应该避免摄入，这些饮料含糖多，而糖类易发酵，进而使肠道胀气。此外，这些饮料还可能引起渗透性腹泻和高钠血症。有利尿和刺激性效果的饮品也要尽量不喝，如茶、咖啡，因为这些有利尿效果的饮品会加重腹泻情况，而刺激性食物则可能损伤肠道黏膜。

早餐小推荐

推荐套餐一：落花生淮山粥+蒜香番茄炒土豆片+香菇蒸蛋+橘子

孩子腹泻，往往让家长们焦虑不安，其实家长不用太过担心，我们可以通过饮食调理孩子的肠胃，让孩子顺利痊愈，以全身心地投入到学习中去。

提前准备：清洗食材。

快速早餐：先将淮山药洗净，去皮，捣碎，大米淘洗干净放入锅中熬煮，接着泡发干香菇，将番茄洗净，切成块。大蒜切片，土豆去皮，切成薄片，清水浸泡5分钟，这时可以将泡好的香菇切丝，鸡蛋打散和香菇丝、调料混匀，放入锅中蒸10分钟即可。蒸香菇蒸蛋的时候我们可以爆香蒜片，炒熟土豆和番茄，放香菜段出锅即可，最后将冰糖放进粥中。

落花生淮山粥

材料：花生碎30克，淮山药100克，大米150克，冰糖适量。

做法：①淮山药洗净，去皮，捣碎；大米淘洗干净，放入砂锅中。②将捣好的山药碎和花生碎加入砂锅，熬煮成粥，加入冰糖即可。

蒜香番茄炒土豆片

材料：土豆200克，番茄100克，大蒜10克，香菜段10克，盐2克。

做法：①土豆洗净切片，放清水中浸泡5分钟；番茄洗净后去蒂切块；大蒜去皮切片。②锅内倒油烧热，爆香蒜片，放土豆片翻炒至透明色，放番茄块、盐炒匀，关火后放香菜段即可。

还可以吃什么？

推荐套餐二：什锦面片汤+虾仁山药+鸡蛋羹+石榴

推荐套餐三：莲藕大米粥+西葫芦软饼+苹果海带汤+苹果

推荐套餐四：三鲜馄饨+芝麻鸡蛋饼+苹果

外带10点加餐：藕粉

外带15点加餐：石榴

推荐套餐一：南瓜羹+肉末蒸茄子+酱焖豆腐+西葫芦软饼

豆腐、瘦肉含丰富的蛋白质，能为孩子恢复健康提供营养，西葫芦软饼和南瓜羹含丰富的糖类，既好消化，又不会增加孩子肠道负担，一顿既美味又好消化的营养晚餐，一定能帮孩子尽快恢复的。

提前准备：清洗食材，茄子去皮，南瓜提前蒸熟。

快速晚餐：先将肉末、茄子放在一个锅里一起蒸熟，同时准备其他食材，西葫芦擦成丝加上少许盐，腌出部分水分，这时候可以做酱焖豆腐，豆腐好了，南瓜和茄子也熟了，把南瓜放进搅拌机中打成南瓜羹，再做好西葫芦软饼就可以吃饭了。

西葫芦软饼

材料：西葫芦1个，面粉50克，鸡蛋2个，盐3克，葱花、五香粉适量。

做法：①西葫芦擦丝，打入2个鸡蛋，加入葱花、五香粉和盐，搅拌均匀。②加入面粉，搅拌成糊状没有小疙瘩为止。③电饼铛倒少许油，油热了倒入2大勺面糊，摊开，煎到表面凝固翻面，两面焦黄就可以出锅了。

还可以吃什么?

推荐套餐二：山药米糊+小馒头+清蒸鲈鱼+番茄菜花

推荐套餐三：红豆粥+粉蒸排骨+丝瓜鸡蛋+菠菜莲子汤

推荐套餐四：南瓜粥+蒜蓉娃娃菜+清炒鳝糊+鲫鱼汤

第二十三节　平衡内分泌，抗氧化剂是关键

多摄入含抗氧化剂的食物

蔬菜和水果的重要作用之一，就是能为我们人体提供抗氧化剂。抗氧化剂能够保护我们少受自由基的影响。在我们的日常生活中，种种污染、吸烟、油炸或烧烤食品，以及太阳中的紫外线等，都会引发自由基形成。但我们所吃的食物中的抗氧化剂，恰恰可以减少体内生成自由基。维生素A、维生素C、维生素E以及微量元素硒和锌等，都属于抗氧化剂。

常吃含铬的食物

铬有助于促进胆固醇的代谢，增强机体的耐力，促进肌肉的生成，又可避免多余脂肪的积累。活动量较大的中学生一天需要100～200微克的铬。铬的最好来源是肉类，尤以肝脏和其他内脏为生物有效性高的铬的来源。啤酒酵母、未加工的谷物、麸糠、坚果类、乳酪也可提供较多的铬。

推荐套餐一：猪腰小米粥+葱油饼+蛋香萝卜丝+苹果

青春期的孩子发育迅速，加上学习繁重，这时家长们要给孩子多吃些平衡内分泌，促进发育的早餐，可以让孩子发育得更好！

提前准备：猪腰味道较大，可以提前腌制，减少味道。

快速晚餐：先将白萝卜切丝，加盐腌渍，将小米洗净，猪腰用盐抓匀后放入锅中煮熟。然后做葱油饼，炒熟胡萝卜丝，最后在粥中加作料即可。

猪腰小米粥

材料：小米100克，猪腰50克，葱末、姜片各5克，盐3克。

做法：①小米洗净；猪腰洗净切片，用盐反复抓匀，再用水冲洗。②锅置火上，倒适量清水烧开，加小米、姜片、猪腰片煮熟，再加葱末、盐调味即可。

蛋香萝卜丝

材料：白萝卜200克，鸡蛋2个，葱花10克，盐3克。

做法：①白萝卜洗净切丝，加少许盐、凉开水腌渍。②鸡蛋打散，再倒入少许凉开水、少许盐打成蛋液。③锅内倒油烧热，放入白萝卜丝，大火翻炒，待萝卜丝将熟时，撒入葱花并马上淋入蛋液，炒散后即可。

还可以吃什么?

推荐套餐二：山药虾仁粥+葱油饼+糖醋彩椒+荔枝

推荐套餐三：红豆小米豆浆+油饼+青椒炒鸡肝+橘子

推荐套餐四：黄豆豆浆+猪肉大葱包子+木耳蛋羹+桃

外带10点加餐：香蕉

外带15点加餐：核桃

晚餐小推荐

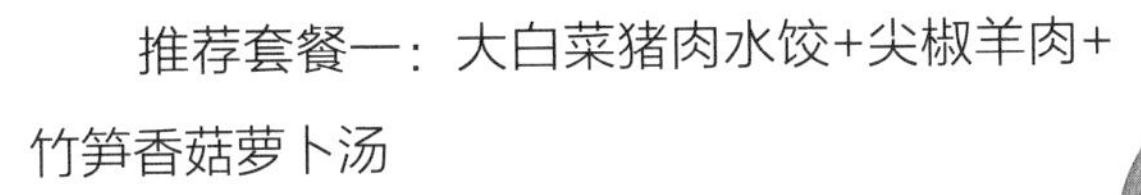

推荐套餐一：大白菜猪肉水饺+尖椒羊肉+竹笋香菇萝卜汤

对于青春期的孩子来说，不仅早上可以吃些有利于生长发育的食物，晚上也可以吃些促进生长发育，平衡内分泌的晚餐。

提前准备：饺子提前包好，腌制羊肉。

快速晚餐：先烧水，将竹笋、香菇、胡萝卜处理一下，放入锅中煮沸，然后煮熟水饺。接着将羊肉、尖椒处理一下，焯烫一下羊肉，炒熟尖椒羊肉即可。这时饺子也可以出锅，竹笋香菇萝卜汤加调料调味即可。

一起来做菜

尖椒羊肉

材料：羊肉300克，尖椒200克，葱段、姜片、酱油、料酒各5克，白糖8克，盐2克，鸡精适量。

做法：①羊肉洗净，切片；尖椒洗净，去蒂及籽，切段。②将羊肉片放入沸水中加料酒，烫至变色，盛出。③锅内倒油烧热，煸香葱段、姜片，下羊肉翻炒，加盐、鸡精、酱油、白糖调味，倒入尖椒翻炒均匀即可。

竹笋香菇萝卜汤

材料：胡萝卜200克，竹笋80克，香菇4朵，盐2克，姜片、香油各适量。

做法：①竹笋洗净，切条；香菇洗净去蒂，切块；胡萝卜去皮洗净，切块。②锅内倒入水煮沸，放竹笋条、香菇块、胡萝卜块、姜片大火煮沸，小火炖熟，加盐调味，淋香油即可。

还可以吃什么？

推荐套餐二：菠萝鸡饭+葱爆羊肉+清炒油麦菜+番茄蛋花汤

推荐套餐三：虾肉水饺+香干肉丝+奶汁娃娃菜+宋嫂鱼羹

推荐套餐四：芹菜猪肉水饺+清蒸狮子头+西芹百合+冬瓜虾皮汤

第八章

常见营养问题答疑

问题1：吃虾皮要不要洗

有人问：我们能不能直接就吃超市里买回来的虾皮呀？那多省事呀。

可千万别图这个省事啊。我们买回来的虾皮一定要清洗干净，因为虾皮都是小虾晾晒而成的，过程中难免会落上尘土，不太卫生。另外，如果是晾晒海虾，由于当地的气候原因很不容易晾干，在这种潮湿的条件下虾皮就容易滋生螨虫。如果是过敏体质的人群吃了这样的虾皮，可能出现过敏反应。

曾有一个这样的病人。他吃了生虾皮后会哮喘剧烈发作，可是呢，他吃虾肉就不会喘。而且他吃炒熟的虾皮也不会产生哮喘。他就很纳闷这是怎么回事？医生就建议他做一个过敏原的检测，结果出来证明他是螨虫过敏。结合他吃生虾皮才会哮喘发作的现象，提示我们吃虾皮一定要洗干净，并且要经过高温烹制才可以。

问题2：酸菜是白菜做的，可以多吃点

我们知道很多人都喜欢吃酸菜，尤其北方人有用大白菜腌制酸菜的习惯，也叫“渍酸菜”，风味十足。适量吃酸菜具有助消化、预防便秘的功效，深受大家喜爱。那经常吃酸菜好不好呢？

酸菜可以吃，但千万记着，没有腌透的酸菜绝对不能吃！因为酸菜没有腌透的话，其中的硝酸盐可还原成亚硝酸盐，能与血红蛋白结合成高铁血红蛋白，使人体出现发绀等缺氧症状，还容易生成亚硝胺类致癌物质，因此，酸菜可以适量吃，但一定要注意腌好。同时，比起新鲜大白菜，酸菜中维生素的含量大大降低，所以酸菜还是不宜经常吃。

问题3：猪蹄和猪肉炖两个小时以上最有营养

有人认为把猪蹄和猪肉炖两个小时以上，其中的饱和脂肪酸就变成不饱和脂肪酸，有益健康。其实，饱和脂肪酸无论怎样烹制都不会变成不饱和脂肪酸，脂肪的量也不会减少，所以无论怎么炖，一次的量都不能吃得太多 。

问题4：吃酱油会导致出现黑斑或者是皮肤变黑吗

事实上肤色主要由基因决定，并不会因为你吃进的食物颜色而改变，人体肤色与人体内的黑色素含量有关，与饮食中食物的颜色无关。

问题5：中学生可以喝咖啡吗

中学生最好不要喝咖啡，因为咖啡可以加快新陈代谢、促进代谢废物的排出、活跃脑细胞、使中学生处于亢奋的状态；而中学生在生长发育的黄金时期，新陈代谢本就较快，并不需要通过喝咖啡来进一步地加强新陈代谢。

有些超重或肥胖的中学生认为喝黑咖啡可以帮助减肥，殊不知咖啡喝了以后会增加中学生体内钙排出，钙流失过多，容易导致骨强度降低。另外在骨生长发育过程中会影响总身高，所以建议中学生不要喝咖啡。

中学生需要完整的深度睡眠，喝咖啡后容易导致中学生失眠，这个时候缺少良好的睡眠会导致生长激素的高峰难以出现。缺少生长激素的高峰，首先对中学生身高会有影响，其次对中学生的学习、体力也有一定影响，所以喝咖啡对中学生不是一个良好的选择。建议中学生应该选择有营养的饮料，像纯牛奶、酸奶都非常合适。

问题6：中学生吃什么油更健康

不管是什么油，一天的摄入量应为25～30克。“杂食者，美食也；广食者，营养也。”要想保证营养均衡，我们每天都应该吃12种以上的不同食物。吃食用油也应如此，不论营养价值多高的油类，都不可能含有全部的营养素，因此要经常换油吃。这样还有一个好处是风险分散，俗话说，不要把所有鸡蛋放在一个篮子里，更换不同种类的食用油，也可以将食用油中可能含有的有害物质对身体的危害降到最低。不过，不论是植物油还是动物油，能量都是一样的，所以不管吃什么油，吃多了一定会发胖的。

问题7：青春期保健要吃什么补品

青春期属于人体生长发育的关键时期，首先要保证的是要合理营养、饮食多样化。按营养学要求，中学生一日的膳食应该有主食、副食，有荤、有素，尽量多样化。合理的主食是除米饭之外，还应吃面粉制品，如面条、馒头、包子、饺子、馄饨等。在主食中应掺食玉米、小米、荞麦、高粱米、甘薯等杂粮，粗细搭配。早餐除吃面粉类点心外，还最好有两种以上的高蛋白食物，如牛奶、豆浆、鸡蛋、肉等，所以说日常均衡饮食就可以满足中学生身体发育需要，如果青春期过度进补反倒有可能会导致激素失调、脂肪摄入过多，引起肥胖等问题。

问题8：羊奶的乳糖比牛奶好吸收吗 会不会也出现乳糖不耐受的情况

羊奶（山羊或绵羊奶），味甘、性温，有补虚养血、滋阴养胃、补益肾脏、润肠通便、解毒的作用。单从动物奶类的营养价值来看，牛奶与羊奶没有本质上的区别，都含有较优质的蛋白质、脂肪、矿物质和维生素。由于牛奶的产量高，加上部分人无法适应羊奶的膻味，所以人们日常生活中经常饮用的是牛奶，少见羊奶。

有些孩子喝牛奶后会出现腹痛、腹泻等不适症状，这可能不是因为他们对牛奶过敏，而是因为他们对乳糖不耐受。

羊奶里不仅含有乳糖，而且其乳糖含量比牛奶还高，所以“乳糖不耐受的孩子可以喝羊奶”这个宣传口号完全是在误导消费者。现在部分商家片面夸大羊奶的营养成分，其实牛奶、羊奶各有优势。根据《中国食物成分表（2002）》中羊奶和牛奶的成分对比，可以看出，在钙、蛋白质和锌、硒的含量上，牛奶比羊奶优势更高，而在维生素A、糖类、烟酸和磷的含量上，羊奶则明显比牛奶优胜。所以，不能简单地得出哪个更好的结论，想长个子补钙的人可以喝牛奶，想保护视力、恢复体能的则可以选择羊奶。

有乳糖不耐受的孩子，可用发酵后的酸奶替代鲜奶饮用，此外，舒化奶和零乳糖的牛奶也是不错的选择。